稻田老师的烘焙笔记1

曲奇&黄油蛋糕

[日]稻田多佳子 著　　王宇佳 译

南海出版公司

2017·海口

饼干

本书的使用方法

· 书中使用的 1 大勺是 15mL，1 小勺是 5mL。
· 鸡蛋使用的是大号的鸡蛋。
· 室温指的是 20℃左右。
· 隔水烘焙中用的水是热水。
· 烤箱要事先预热到书中所写的温度。使用的烤箱不同，烘烤时间也会有差异。可以参考食谱的时间，一边观察一边自行增减。
· 本书中出现的微波炉加热时间都是以 500W 的微波炉为准的。

基础黄油蛋糕

水果黄油蛋糕

其他的做法 memo

专栏

烘焙材料

下面为大家介绍制作点心所需的基本材料。本书中出现的点心都是突出食材本身味道的简单点心，使用新鲜食材做出来的点心才会更美味。

+ 粉类

低筋面粉

低筋面粉是做点心必不可少的材料之一。使用不同的面粉，做出点心的味道和口感也会有所不同。无论是哪种面粉，都是刚开封时味道比较好。开封之后要注意密封保存，趁着面粉还新鲜时尽快用完。

+ 砂糖

砂糖

制作点心时常用的白砂糖。如果想用上白糖代替，使用前要先过筛，筛掉结块的部分。砂糖的作用不只是给点心增加甜味，还能使点心口感更湿润，保存的时间也会延长。砂糖在制作点心过程中起到的作用非常大，在减量时一定要慎重。

杏仁粉

将杏仁磨成粉制成的食材。在制作点心时加入适量杏仁粉，能使点心的味道变得更丰富，口感也会更加湿润。杏仁粉颗粒较大，使用网眼细的筛子容易堵住，过筛时要使用网眼粗的筛子。

黄蔗糖和红糖

如果想制作味道比较柔和的点心，可以用精度较低的天然蔗糖代替砂糖。黄蔗糖是从甘蔗中提取出来的黄色蔗糖。比较湿润的红糖是赤砂糖的一种。与普通的砂糖相比，用黄蔗糖和红糖制作出的点心味道更柔和，带有一种优雅自然的甜味。

+ 鸡蛋

做点心一定要选用新鲜健康的鸡蛋。能够直接做生鸡蛋盖饭的鸡蛋就很合适（笑）。我经常使用的是大号的鸡蛋。

+ 巧克力

推荐使用杂质较少的烘焙专用巧克力（考维曲巧克力）。如果不方便入手，也可以选用可可含量较高、味道较苦的板状巧克力。像图片中这种圆形巧克力就不需要切碎，使用起来非常方便。我个人比较偏爱Barry Callebaut（百乐嘉利宝）的巧克力。

+ 黄油

制作点心要使用无盐黄油。做饼干和挞时，如果想添加一丝咸味，可以单独放盐。使用味道浓厚的发酵黄油，烤出的点心味道也会更上一层楼。使用普通黄油时，也可以加少许发酵黄油作为味道的补充。

+ 鲜奶油

想做出美味的点心，一定要使用动物性油脂。推荐选用乳脂肪含量45%左右的鲜奶油。如果打算制作口感清爽的点心，可以选用乳脂肪35%左右的鲜奶油。

饼干

只需一块就能让人会心一笑、心生欢喜的小点心。松脆、酥软、湿润……饼干有着各种各样诱人的口感，不但味道可口，还能存放很长时间。既可以当作日常小礼物送给别人，又可以拿给大家一起分享，打造快乐的零食时间。或者配上咖啡、红茶之类的热饮，独自享受闲暇时光。饼干真是一种让人想一直放在身边的可爱小零食。

核桃酥饼干

　　这款饼干深受孩子和大人的喜爱，只要一拿出来，就会立刻被抢得精光。本来这款饼干通称"雪球"，为了打造出原创感，我特意将其命名为"核桃酥饼干"（笑）。以前我都是纯手工制作的，但现在订购的数量太多，于是就开始用食物料理机做面团了。

　　入口即化是这款饼干的卖点，所以很多人都好奇我是用了什么特殊的做法……然而等谜底揭晓，大家一定觉得太简单了。看到如此简单的做法，之前的敬佩之心也肯定会消失吧（苦笑）。不过，趁此机会能让更多人使用我的方法，也挺不错呢。

　　夏天的时候，将这款饼干放进冰箱冷藏一下会更好吃。凉凉酥酥的口感，和常温的饼干不太一样，一定能给你带来不同的感受。

材料（约70个份）

低筋面粉··········	130g
杏仁粉··········	40g
核桃··········	50g
黄油（无盐型）··········	95g
砂糖··········	40g
盐··········	1小撮
装饰用糖粉··········	适量

准备工作

+ 黄油切成边长1.5cm的方块，放入冰箱冷藏。
+ 将烤箱用垫纸铺到烤盘中。

◎ 制作方法

1 将低筋面粉、杏仁粉、砂糖和盐倒入食物料理机中，打开料理机稍微转一下，起到与过筛相同的作用。

2 加入黄油，反复开关食物料理机，当黄油和粉类充分混合后，加入核桃。继续反复开关食物料理机，等里面的食材变成一个整体时，将其取出。

3 将面团表面揉光滑，装进塑料袋或用保鲜膜包住，放入冰箱醒1小时以上。

4 将烤箱预热到170℃。取出面团，用勺子或手分成小份，然后捏成直径1.5~2cm的圆形，放在烤盘中，中间要留有间隔。

5 在预热到170℃的烤箱中烤15分钟左右，直到饼干周围稍微变色为止。完全冷却之后，将饼干放入装饰用糖粉中滚一下。

✋ 用手制作的方法

1 将恢复到室温后变软的黄油放入碗中，用打蛋器搅拌成奶油状，加入砂糖和盐，用打蛋器搅拌成发白、蓬松的状态。

2 将筛过的低筋面粉、杏仁粉和切碎的核桃一起加入碗中，用橡胶铲快速搅拌，直到看不见干面粉为止。

3 将食材揉成一团，放入冰箱中。之后的步骤与上面的步骤4、5相同。

用手制作的话，要先将核桃切碎，再提前烘烤一下，核桃的味道会更香。

酥饼干4种

核桃酥饼干是我送礼物时必不可少的点心之一。这款"酥饼干套装"将几种不同口味的酥饼干组合到一起，一直都很受欢迎。我本人很喜欢酥饼干入口即化的口感，而且参照我的方法制作饼干的人也都赞不绝口。喜欢我做法的各位，实在非常感谢！

继前面的"核桃酥饼干"之后，现在给大家介绍不加核桃的基础酥饼干和另外3种口味的酥饼干。为了让大家一次品尝到多种口味的饼干，我特意减少了每种做法的分量。如果只制作其中一种口味，请将分量增加一倍。

不加核桃的基础酥饼干可以和很多食材搭配，操作起来非常简单。可可粉、咖啡、香草、肉桂、草莓干、红糖、抹茶、蘑菇等，如果将这些酥饼干的做法放到一起，都能出一本新书了。请大家自由发挥自己的想象，制作出不同口味的酥饼干吧。

原味

材料（直径2cm的饼干30~35个份）

低筋面粉……………	70g	砂糖………………	20g
杏仁粉……………	45g	盐………………	1小撮
黄油（无盐型）……	45g	装饰用糖粉…………	适量

准备工作

+ 将黄油切成边长1.5cm的方块，放入冰箱冷藏。
+ 将烤箱用垫纸铺到烤盘中。

◎ 制作方法

1 将低筋面粉、杏仁粉、砂糖和盐倒入食物料理机中，打开料理机转3秒，起到与过筛相同的作用。加入黄油，反复开关食物料理机，等里面的食材变成一个整体时，将其取出。

2 将面团表面揉光滑，装进塑料袋或用保鲜膜包住，放入冰箱醒1小时以上。

3 将烤箱预热到170℃。用勺子或手将面团分成小份，然后捏成直径1.5~2cm的圆形，放在烤盘中，中间要留有间隔。

4 在预热到170℃的烤箱中烤15分钟左右，直到饼干周围稍微变色为止。完全冷却之后，将饼干放入装饰用糖粉中滚一下。

✋用手制作的方法

1 将恢复到室温后变软的黄油放入碗中，用打蛋器搅拌成奶油状，加入砂糖和盐，用打蛋器搅拌成发白、蓬松的状态。

2 将筛过的低筋面粉、杏仁粉一起加入碗中，用橡胶铲快速搅拌，直到看不见干面粉为止。

3 将食材揉成一团，放入冰箱中。之后的步骤与上面的步骤3、4相同。

红茶茶叶，我用的是川宁的格雷伯爵茶。茶包可以直接使用，比较方便，当然你也可以用自己喜欢的红茶。

将橙子皮放入食物料理机中搅碎后就可以与其他食材充分混合。用手制作时会留下块状的橙子皮，口感也不错。制作不使用柠檬皮的点心时，我一般会用"Pulco浓缩柠檬汁"。

红茶味

材料（直径2cm的饼干30~35个份）

低筋面粉…………	70g	盐………………	1小撮
杏仁粉…………	40g	红茶茶叶（或茶包1袋）	
黄油（无盐型）…	45g	………………	2g
砂糖………………	20g	装饰用糖粉…………	适量

◎ 制作方法

与"原味"相同。在步骤1中，将切碎的红茶茶叶（或茶包）与粉类一起加入。

橙子味

材料（直径2cm的饼干30~35个份）

低筋面粉…………	70g	盐………………	1小撮
杏仁粉…………	40g	橙子皮（切碎后）……	40g
黄油（无盐型）…	45g	装饰用糖粉………	适量
砂糖………………	15g		

◎ 制作方法

与"原味"相同。在步骤1中，将切碎的橙子皮与粉类一起加入。

柠檬味

材料（直径2cm的饼干30~35个份）

低筋面粉…………	70g	盐………………	1小撮
杏仁粉…………	45g	切碎的柠檬皮……	1/2个份
黄油（无盐型）…	45g	柠檬汁…………	1小勺
砂糖………………	20g	装饰用糖粉………	适量

◎ 制作方法

与"原味"相同。在步骤1中，将切碎的柠檬皮和柠檬汁与黄油一起加入。

黄油沙布列

　　我开始爱上烘焙是在小学的时候。契机是什么我已经不记得了，不过这种对烘焙心动的感觉应该每个女孩都有吧！在我印象中，我做的第一款点心就是基础的饼干。对，就是孩子们都喜欢的动物或花朵造型的饼干。准备好材料、准确称量后制作面团、压成自己喜欢的形状、进烤箱烘烤……每一个步骤都让人心跳加速，真是一段美好的回忆。但是身为孩子的我，却很不喜欢清理残局（苦笑）。如今，我很少会做那个让我有很多回忆的饼干了。现在的我更重视效率，喜欢做"揉成棒状后切成圆片"的饼干。

　　这款沙布列的面团也可以用模具压成各种形状后烘烤。偶尔也回忆着童年的美好时光，做一些可爱动物饼干吧！

材料（约50个份）

低筋面粉·······································130g
杏仁粉···50g
黄油（无盐型）······························110g
砂糖···55g
蛋黄··1个份
盐··1小撮
撒在周围的砂糖······························适量
干面粉（最好是高筋面粉）··················适量

准备工作

+ 将黄油切成边长1.5cm的方块，放入冰箱冷藏。
+ 将烤箱用垫纸铺到烤盘中。

◎ 制作方法

1 将低筋面粉、杏仁粉、砂糖和盐倒入食物料理机中，稍微转一下，起到与过筛相同的作用。

2 加入黄油，反复开关食物料理机，当黄油和粉类充分混合后，加入蛋黄。继续反复开关食物料理机，等里面的食材变成一个整体时，将其取出。

3 将面团表面揉光滑，装进塑料袋或用保鲜膜包住，放入冰箱醒1小时以上。

4 将面团放到撒了干面粉的台面上，分成2等份，然后分别揉成直径2.5~3cm的棒状。用保鲜膜包住，再放入冰箱醒2小时以上。将烤箱预热到170℃。

5 在平盘中撒上砂糖，将棒状面团放在上面滚一下，使砂糖均匀地粘在面团表面。将面团切成厚7~8mm的圆片，放在烤盘中，中间要留有间隔。在预热到170℃的烤箱中烤15分钟左右。

✋ 用手制作的方法

1 将恢复到室温后变软的黄油放入碗中，用打蛋器搅拌成奶油状，加入砂糖和盐，用打蛋器搅拌成发白、蓬松的状态。

2 加入蛋黄，充分搅拌，然后将筛过的低筋面粉、杏仁粉一起加入碗中，用橡胶铲快速搅拌，直到看不见干面粉为止。

3 将食材揉成一团，放入冰箱中。之后的步骤与上面的步骤4、5相同。

杏仁粉是将杏仁磨成粉末后制成的食材。与低筋面粉一起使用，就能做出味道浓郁、口感酥脆的点心。关于面粉和杏仁粉的配比，究竟突出哪一方才能使点心更美味呢，这一点真让我苦恼呢。

黑芝麻饼干

抱着"想做出自己喜欢的芝麻味饼干"的想法，我进行了很多尝试，但却没能研究出一个让自己满意的做法。然而，在某次偶然的机会下，我以黄油沙布列的做法为基础，制作出了一款芝麻味的饼干，那正是我想要的味道。都说当局者迷，也许太过在意一件事，反而容易绕远路呢。

我给很多人尝过这款黑芝麻饼干，目前为止还没有人说"难吃"（姑且相信他们说的话），所以这应该是一个合格的方子吧。用黑芝麻和白芝麻都没问题，当然也可以混合着用。分量可以根据自己的喜好增减。日本应该有很多卖美味芝麻的店，不过我最爱用的还是京都山田制油的黑芝麻。

材料（约50个份）

低筋面粉	130g
杏仁粉	40g
黑芝麻	40g
黄油（无盐型）	110g
砂糖	60g
蛋黄	1个份
盐	1小撮
干面粉（最好是高筋面粉）	适量

准备工作

+ 将黄油切成边长1.5cm的方块，放入冰箱冷藏。
+ 将烤箱用垫纸铺到烤盘中。

🌀 制作方法

1 将低筋面粉、杏仁粉、黑芝麻、砂糖和盐倒入食物料理机中，稍微转一下，起到与过筛相同的作用。

2 加入黄油，反复开关食物料理机，当黄油和粉类充分混合后，加入蛋黄。继续反复开关食物料理机，等里面的食材变成一个整体时，将其取出。

3 将面团表面揉光滑，装进塑料袋或用保鲜膜包住，放入冰箱醒1小时以上。

4 将面团放到撒了干面粉的台面上，分成2等份，然后分别揉成直径2.5~3cm的棒状。用保鲜膜包住，再放入冰箱醒2小时以上。将烤箱预热到170℃。

5 将面团切成厚7~8mm的圆片，放在烤盘中，中间要留有间隔。在预热到170℃的烤箱中烤15分钟左右。

✋ 用手制作的方法

1 将恢复到室温后变软的黄油放入碗中，用打蛋器搅拌成奶油状，加入砂糖和盐，用打蛋器搅拌成发白、蓬松的状态。

2 加入蛋黄，充分搅拌，然后将筛过的低筋面粉、杏仁粉和黑芝麻一起加入碗中，用橡胶铲快速搅拌，直到看不见干面粉为止（因为没有使用食物料理机，黑芝麻还是一粒一粒的状态。可以将一半黑芝麻磨成粉末）。

3 将食材揉成一团，放入冰箱中。之后的步骤与上面的步骤4、5相同。

图中所示就是山田制油的黑芝麻。使用上等芝麻可以使饼干的香味更浓郁。除了黑芝麻之外，我在制作料理时也会用到山田制油的芝麻粉和芝麻油等食材。

枫糖饼干

枫糖浆是从枫树树液中提取出的液体糖浆。将提取出的枫糖浆放在火上慢慢熬制，等水分蒸发后，就能制成粉末状的枫糖。为了把枫糖独特的香味和柔和的甜味充分融入饼干中，我使用枫糖粉制作出了这款枫糖饼干。

饼干的基本配比是1：2：3，即砂糖1份、黄油2份、面粉3份。这种简单明确的配比，大家一定要记住哦。在这个配比的基础上，再加入蛋黄和枫糖粉，就制成了这款略带光泽感的枫糖饼干。枫糖粉的分量需要品尝甜度后再决定。如果是纯度较高的枫糖粉，可以直接代替砂糖使用。

材料（约50个份）

低筋面粉	150g
黄油（无盐型）	100g
枫糖粉	30g
砂糖	20g
蛋黄	1个份
盐	1小撮
干面粉（最好是高筋面粉）	适量

准备工作

+ 将黄油切成边长1.5cm的方块，放入冰箱冷藏。
+ 将烤箱用垫纸铺到烤盘中。

◎ 制作方法

1 将低筋面粉、枫糖粉、砂糖和盐倒入食物料理机中，稍微转一下，起到与过筛相同的作用。

2 加入黄油，反复开关食物料理机，当黄油和粉类充分混合后，加入蛋黄。继续反复开关食物料理机，等里面的食材变成一个整体时，将其取出。

3 将面团表面揉光滑，装进塑料袋或用保鲜膜包住，放入冰箱醒1小时以上。

4 将面团放到撒了干面粉的台面上，分成2等份，然后分别揉成直径2.5~3cm的棒状。用保鲜膜包住，再放入冰箱醒2小时以上。将烤箱预热到170℃。

5 将面团切成厚7~8mm的圆片，放在烤盘中，中间要留有间隔。在预热到170℃的烤箱中烤15分钟左右。

✋ 用手制作的方法

1 将恢复到室温后变软的黄油放入碗中，用打蛋器搅拌成奶油状，加入枫糖粉、砂糖和盐，用打蛋器搅拌成蓬松的状态。

2 加入蛋黄，充分搅拌，然后将筛过的低筋面粉加入碗中，用橡胶铲快速搅拌，直到看不见干面粉为止。

3 将食材揉成一团，放入冰箱中。之后的步骤与上面的步骤4、5相同。

图中所示就是我平时爱用的枫糖粉。有些枫糖会带有涩味和其他杂味，这款枫糖粉的味道比较纯，我很喜欢。可以将它撒在涂有黄油的松饼或华夫饼上，用来代替枫糖浆。

材料（约50个份）

低筋面粉·······································120g
黄油（无盐型）······························60g
花生酱···60g
红糖···50g
蛋黄···1个份
盐···1小撮
干面粉（最好是高筋面粉）·············适量

准备工作

+将黄油切成边长1.5cm的方块，放入冰箱冷藏。
+将烤箱用垫纸铺到烤盘中。

制作方法

1 将低筋面粉、红糖和盐倒入食物料理机中，稍微转一下，起到与过筛相同的作用。

2 加入黄油，反复开关食物料理机，当黄油和粉类充分混合后，加入花生酱和蛋黄。继续反复开关食物料理机，等里面的食材变成一个整体时，将其取出。

3 将面团表面揉光滑，装进塑料袋或用保鲜膜包住，放入冰箱醒1小时以上。

4 将面团放到撒了干面粉的台面上，分成2等份，然后分别揉成直径2.5~3cm的棒状。用保鲜膜包住，再放入冰箱醒2小时以上。将烤箱预热到170℃。

5 将面团切成厚7~8mm的圆片，放在烤盘中，中间要留有间隔。在预热到170℃的烤箱中烤15分钟左右。

用手制作的方法

1 将恢复到室温后变软的黄油放入碗中，加入花生酱，用打蛋器搅拌成奶油状，加入红糖和盐，用打蛋器搅拌成蓬松的状态。

2 加入蛋黄，充分搅拌，然后将筛过的低筋面粉加入碗中，用橡胶铲快速搅拌，直到看不见干面粉为止。

3 将食材揉成一团，放入冰箱中。之后的步骤与上面的步骤**4**、**5**相同。

花生酱饼干

之前我买了一瓶花生酱，但只有在做酱汁或拌菜时才会用到。看到一直用不完的花生酱，我想干脆用它做点心吧，于是就研究出了这款花生酱饼干。

花生酱的味道浓郁香醇，吃完后好久还口齿余香，喜欢花生的人一定赞不绝口，但不喜欢花生的人也许受不了这个味道……所以，不喜欢花生的人可以减少花生酱的分量，用黄油代替，慢慢尝试各种配比，找到自己喜欢的味道。这款饼干虽然褒贬参半，但如果配合浓郁的咖啡一起食用，还是很美味的。

制作这款饼干时，我使用的是没有颗粒的花生酱。当然，用有颗粒的花生酱做出的饼干也一样美味。购买时尽量选择甜度低的类型。将花生酱和蜂蜜混合后涂在面包和原味玛芬上也非常美味。

复刻版的立顿红茶罐，这是我在大阪问屋街找到的。平时我一直用它收纳茶包，虽然用法比较老套，但我很喜欢这种简单明了的感觉。不过，放的茶包却不全是立顿牌的（笑）。

红茶饼干

比起咖啡，我更偏爱红茶。每天要泡很多杯的红茶，它的色泽、味道、香气总是让我欲罢不能。除了红茶之外，我还经常喝用速溶咖啡、挂耳咖啡制成的牛奶咖啡和焙茶等饮料。但说起下午茶时间，第一个想到的依旧是红茶。

和红茶的邂逅我如今依然历历在目，那是小时候去学习书法时，老师给泡的奶茶。带有黄色标签的茶包安静地泡在牛奶里，放入方糖，一杯甜甜的奶茶。柔和的茶褐色和香甜的味道给我留下了很深的印象，现在想来，当初去学书法，也许就是为了喝这杯美味的奶茶吧……

为了配合奶茶一起食用，我研究出了这款红茶饼干，它的特别之处是使用了榛子粉。比起使用杏仁粉的点心，这款饼干给人一种成熟稳重的感觉。如果没有榛子粉和鲜奶油，也可以用杏仁粉和牛奶代替。虽然味道会产生微妙的变化，但用简单的材料快速地制作出饼干，才能更充分地享受愉快的下午茶时间。

材料（约50个·份）

低筋面粉·····················150g
榛子粉·······················30g
红茶茶叶·················6g（或3袋茶包）
黄油（无盐型）·················110g
砂糖·························60g
鲜奶油·······················1大勺
盐·························1小撮
干面粉（最好是高筋面粉）·············适量

准备工作

+ 将黄油切成边长1.5cm的方块，放入冰箱冷藏。
+ 将烤箱用垫纸铺到烤盘中。

🌀 制作方法

1 将低筋面粉、榛子粉、红茶茶叶、砂糖和盐倒入食物料理机中，稍微转一下，起到与过筛相同的作用。

2 加入黄油，反复开关食物料理机，当黄油和粉类充分混合后，加入鲜奶油。继续反复开关食物料理机，等里面的食材变成一个整体时，将其取出。

3 将面团表面揉光滑，装进塑料袋或用保鲜膜包住，放入冰箱醒1小时以上。

4 将面团放到撒了干面粉的台面上，分成2等份，然后分别揉成直径3~4cm的棒状。用保鲜膜包住，再放入冰箱醒2小时以上。将烤箱预热到170℃。

5 将面团切成厚7~8mm的圆片，放在烤盘中，中间要留有间隔。在预热到170℃的烤箱中烤15分钟左右。

🖐 用手制作的方法

1 将恢复到室温后变软的黄油放入碗中，用打蛋器搅拌成奶油状，加入砂糖和盐，用打蛋器搅拌成发白、蓬松的状态。

2 加入鲜奶油，充分搅拌，然后将筛过的低筋面粉、榛子粉和切碎的红茶茶叶（茶包可以直接加入）一起加入碗中，用橡胶铲快速搅拌，直到看不见干面粉为止。

3 将食材揉成一团，放入冰箱中。之后的步骤与上面的步骤4、5相同。

杏仁粉是坚果粉中最常用的一种，将杏仁粉换成榛子粉，同样的做法却能做出不同味道的点心，实在太有趣了。没有研磨过的榛子呈球形，外面包裹着褐色的薄皮，大小约为1.5cm。

柠檬沙布列

　　这款点心虽然名叫柠檬沙布列，但其实吃起来没有柠檬味，只是闻起来有柠檬的清香。然而，莫名地还是觉得能吃到柠檬的味道，人类的感觉真是不可思议啊。

　　气味和味道虽是无形的东西，却能一直深深地埋在记忆中。很久之前吃到的美味食物、青涩时期喜欢的人身上的香味，这些明明是几年前甚至几十年前的事，但偶然尝到或闻到相似的味道，原本已经遗忘的记忆又像潮水般涌了出来，让人内心觉得怀念不已。

材料（直径3cm的沙布列约50个份）

低筋面粉······125g
黄油（无盐型）······100g
糖粉······35g
蛋黄······1个份
切碎的柠檬皮······1个份
盐······1小撮
撒在周围的砂糖······适量
干面粉（最好是高筋面粉）······适量

准备工作

＋将黄油切成边长1.5cm的方块，放入冰箱冷藏。
＋将烤箱用垫纸铺到烤盘中。

◎ 制作方法

1 将低筋面粉、糖粉和盐倒入食物料理机中，稍微转一下，起到与过筛相同的作用。

2 加入黄油，反复开关食物料理机，当黄油和粉类充分混合后，加入蛋黄和柠檬皮。继续反复开关食物料理机，等里面的食材变成一个整体时，将其取出。

3 将面团表面揉光滑，装进塑料袋或用保鲜膜包住，放入冰箱醒1小时以上。

4 将面团放到撒了干面粉的台面上，分成2等份，然后分别揉成直径2.5~3cm的棒状。用保鲜膜包住，再放入冰箱醒2小时以上。

5 将烤箱预热到170℃。在平盘中撒上砂糖，将棒状面团放在上面滚一下，使砂糖均匀地粘在面团表面。将面团切成厚7~8mm的圆片，放在烤盘中，中间要留有间隔。在预热到170℃的烤箱中烤15分钟左右。

✋ 用手制作的方法

1 将恢复到室温后变软的黄油放入碗中，用打蛋器搅拌成奶油状，加入糖粉和盐，用打蛋器搅拌成发白、蓬松的状态。

2 加入蛋黄，充分搅拌，然后将筛过的低筋面粉和柠檬皮一起加入碗中，用橡胶铲快速搅拌，直到看不见干面粉为止。

3 将食材揉成一团，放入冰箱中。之后的步骤与上面的步骤**4**、**5**相同。

柠檬皮里白色的部分带有苦味，所以只削表面一层黄色的皮就可以了。要使用无蜡柠檬，清洗干净后再削皮。

材料（直径3cm的饼干约55个份）

低筋面粉·································130g
榛子粉·································20g*
黄油（无盐型）·························100g
糖粉·································40g
盐·································1小撮
杏仁片·································50g
烘焙专用巧克力（半甜）·················40g
干面粉（最好是高筋面粉）···············适量
*也可以用杏仁粉代替。

准备工作

+将黄油切成边长1.5cm的方块，放入冰箱冷藏。
+将巧克力切成边长2.5cm的方块，放入冰箱冷藏。
+将烤箱用垫纸铺到烤盘中。

◎ 制作方法

1 将低筋面粉、榛子粉、糖粉和盐倒入食物料理机中，稍微转一下，起到与过筛相同的作用。

2 加入黄油，反复开关食物料理机，当黄油和粉类充分混合后，加入杏仁片和巧克力。继续反复开关食物料理机，等看不到干面粉且食材变成一个整体时，将其取出（搅拌时间过长会导致杏仁和巧克力太碎，一定要边观察边搅拌）。

3 将面团装进塑料袋，用手从塑料袋上方揉捏，使面团表面变光滑，放入冰箱醒1小时以上。

4 将面团放到撒了干面粉的台面上，分成2等份，然后分别揉成直径2.5~3cm的棒状。用保鲜膜包住，再放入冰箱醒2小时以上。

5 将烤箱预热到170℃。面团切成厚7~8mm的圆片，放在烤盘中，中间要留有间隔。在预热到170℃的烤箱中烤15分钟左右。

✋ 用手制作的方法

1 将恢复到室温后变软的黄油放入碗中，用打蛋器搅拌成奶油状，加入糖粉和盐，用打蛋器搅拌成发白、蓬松的状态。

2 将筛过的低筋面粉和榛子粉一起加入碗中，用橡胶铲快速搅拌，搅拌到稍微留有一些干面粉时，加入杏仁片和切碎的巧克力，继续搅拌到看不见干面粉为止。

3 将食材揉成一团，放入冰箱中。之后的步骤与上面的步骤4、5相同。

杏仁巧克力饼干

决定搬到现在的住所时，我曾想以此为契机，只留下自己喜欢的东西和让自己心动的东西！然而理想和现实总是有差距的，如今房子里还是堆满了很多杂物。为了使生活更加舒适，在选购生活用品时难免会有一些妥协。但是经常带在身边的东西，我不想妥协，只想选择一些让自己心动的东西。手账、文具等经常用到的小物件，我就一定会选择喜欢的。

回归正题，用食物料理机制作这款饼干时，为了防止杏仁片和巧克力搅得太碎，要时刻注意观察食材的状态。

肉桂方块饼干

　　不使用模具，直接用手给饼干造型，真是一件乐趣无穷的事。可以捏成半球形，或者用手掌将球形略微压平。揉成棒状后切开的方法，也能玩出很多花样。将面团揉成圆形、三角形，甚至是心形的棒状，就能做出相应形状的饼干了。将面团擀成稍厚的片状，既可以切成细长条后做长方形的饼干，也可以整块烘烤后掰成自己喜欢的形状。把单一的面团做成各种造型，正是制作饼干的乐趣之一。

　　方形是我最近比较喜欢的造型。切的时候，我从来都不会刻意测量尺寸，只是看个大概，凭感觉切。即使不小心切歪了，也有一种手工制作的美感（笑）。至于方形的大小，我一般都是看当天的心情，不过，最常做的还是这款肉桂饼干的大小。

材料（边长2.5cm的饼干36个份）

低筋面粉	150g
杏仁粉	25g
肉桂	1/2大勺
泡打粉	1/8小勺
黄油（无盐型）	90g
糖粉	35g
牛奶	1/2大勺
盐	1小撮

准备工作

＋将黄油切成边长1.5cm的方块，放入冰箱冷藏。
＋将烤箱用垫纸铺到烤盘中。

◎ 制作方法

1 将低筋面粉、杏仁粉、肉桂、泡打粉、糖粉和盐倒入食物料理机中，稍微转一下，起到与过筛相同的作用。
2 加入黄油，反复开关食物料理机，当黄油和粉类充分混合后，加入牛奶。继续反复开关食物料理机，等里面的食材变成一个整体时，将其取出。
3 将面团装进塑料袋，用擀面杖擀成15cm×15cm的片状，放入冰箱醒2小时以上。
4 将烤箱预热到170℃。面团横竖分别切成6等份，放入烤盘中，中间要留有间隔。在预热到170℃的烤箱中烤15~20分钟。

🖐 用手制作的方法

1 将恢复到室温后变软的黄油放入碗中，用打蛋器搅拌成奶油状，加入糖粉和盐，用打蛋器搅拌成发白、蓬松的状态。
2 加入牛奶，充分搅拌，将筛过的低筋面粉、杏仁粉、肉桂和泡打粉一起加入碗中，用橡胶铲快速搅拌，直到看不见干面粉为止。
3 将食材揉成一团，放入冰箱中。之后的步骤与上面的步骤4相同。

将面团装进塑料袋，用擀面杖擀成片状，然后直接放入冰箱醒一段时间，切起来会更容易。如果想让方块更标准，可以把边切掉。

材料（边长2.5cm的饼干36个份）

低筋面粉······150g
脱脂奶粉······20g
泡打粉······1/8小勺
黄油（无盐型）······90g
糖粉······35g
牛奶······1/2大勺
盐······1小撮
红茶茶叶······4g（或茶包2袋）

准备工作

+ 将黄油切成边长1.5cm的方块，放入冰箱冷藏。
+ 将红茶茶叶切成碎末（茶包可以直接使用）。
+ 将烤箱用垫纸铺到烤盘中。

◎ 制作方法

1 将低筋面粉、脱脂奶粉、泡打粉、糖粉、盐和红茶茶叶倒入食物料理机中，稍微转一下，起到与过筛相同的作用。

2 加入黄油，反复开关食物料理机，当黄油和粉类充分混合后，加入牛奶。继续反复开关食物料理机，等里面的食材变成一个整体时，将其取出。

3 将面团装进塑料袋，用擀面杖擀成15cm×15cm的片状，放入冰箱醒2小时以上。

4 将烤箱预热到170℃。面团横竖分别切成6等份，放入烤盘中，中间要留有间隔。在预热到170℃的烤箱中烤15~20分钟。

🖐 用手制作的方法

1 将恢复到室温后变软的黄油放入碗中，用打蛋器搅拌成奶油状，加入糖粉和盐，用打蛋器搅拌成发白、蓬松的状态。

2 加入牛奶，充分搅拌，将筛过的低筋面粉、脱脂奶粉、泡打粉和红茶茶叶一起加入碗中，用橡胶铲快速搅拌，直到看不见干面粉为止。

3 将食材揉成一团，放入冰箱中。之后的步骤与上面的步骤4相同。

红茶方块饼干

高蛋白、低脂肪、低卡路里，脱脂奶粉是将这三个优良特点集于一身的食材。不过，我制作这款饼干的初衷并不是为了健康，而是因为偶然买了一袋脱脂奶粉，但却一直用不完，就试着用它进行烘焙了。我的很多做法都是出于这种想法研究出来的，食材一旦开封，就自然地想赶快用完。我会尽量把它们用在制作点心、面包和料理中。

为了使食材更容易揉成一团，我加了牛奶，但其实不加也完全没问题。不加牛奶做出的饼干比加了牛奶的更酥脆一点。如果用杏仁粉代替脱脂奶粉，饼干的味道就完全不同了。

将脱脂奶粉放入酸奶中食用，能够起到减肥的作用！所以这个产品一直广受好评。不过如今风潮已经过去了，应该能够顺利购入。红茶我一直爱用川宁的格雷伯爵茶。

黄油酥饼干

　　这款黄油酥饼干诞生于英国，它的特点是酥脆易碎的口感。在茶壶中泡上滚烫的红茶，然后加入牛奶制成奶茶，与黄油酥饼干一起享用，一定能度过一段美好的下午茶时光。本来这款黄油酥饼干太过易碎，只能跟咖啡和红茶等饮料搭配食用，但也许正是这个特点，反而能将饮料的美味凸显出来。

　　观察红茶的色泽也是饮茶的乐趣之一，所以一定要用白色或浅色茶杯盛红茶。为了使红茶的香味充分扩散，还要尽量选用宽口且比较薄的茶杯，这样才能真正品尝出红茶的美味。这是以前我在红茶教室学到的知识，现在现学现卖地传授给大家（笑）。

　　红茶适合用比较薄的茶杯喝，这一点实际品尝的时候就能感觉到。然而，比起精致的茶杯，各色各样的马克杯才是平时常用的饮水道具。不用刻意保护，马克杯也不会轻易坏掉，而且它不像茶杯一样要用茶托，使用起来更加休闲随意。马克杯万岁！

材料（4cm×2cm的饼干30个份）

低筋面粉	120g
玉米淀粉	20g
黄油（无盐型）	100g
砂糖	35g
盐	1小撮

准备工作

+ 将黄油切成边长1.5cm的方块，放入冰箱冷藏。
+ 将烤箱用垫纸铺到烤盘中。
+ 将烤箱预热到170℃。

◎ 制作方法

1 将低筋面粉、玉米淀粉、砂糖和盐倒入食物料理机中，稍微转一下，起到与过筛相同的作用。

2 加入黄油，反复开关食物料理机，等搅拌到看不见干面粉的状态，且食材变成一个整体时，将其取出。

3 将面团放到案板上，用擀面杖擀成厚1cm的长方形片状。用刀在上面切出划痕，再用竹扦或叉子扎出气孔。

4 放入预热到170℃的烤箱中烤15~20分钟。烤好后用刀沿着划痕将饼干切开，放在案板上待其冷却。

🖐 用手制作的方法

1 将低筋面粉和玉米淀粉筛入碗中，然后加入砂糖和盐，用打蛋器搅拌均匀。

2 加入冷藏过的黄油，用刮板（参照P56）等工具边将黄油切开边将其与其他食材混合。切到一定程度之后，用两只手将食材揉成颗粒状。

3 将食材揉成一团，装入塑料袋或用保鲜膜包住，放入冰箱醒1小时以上。之后的步骤与上面的步骤4相同。

这是美国出产的半透明马克杯，略微透光的质感非常漂亮。这款杯子有很多不同的图案，琳琅满目，让人难以抉择，不过其中我最喜欢的就是这个小花图案。本来我打算控制马克杯的购买欲，然而看到这些图案好看又便宜的马克杯时，我的一切决心就不翼而飞了。

将面团擀成边长16cm的正方形后，用刀按照自己想要的形状划出划痕。我个人比较喜欢4cm×2cm的大小。接着用竹扦后侧或叉子扎出气孔。除了这种长方形的造型外，擀成圆形后切成放射状的黄油酥饼干也很常见。

黑芝麻奶酪饼干

　　这款饼干甜度较低，可以当作日常小零食食用。芝麻和奶酪，这两种香味比较重的食材似乎很搭呢！抱着这样的想法，我开始勇敢地尝试了。然而，在制作的过程中，面团却散发出了很奇怪的味道，怎么形容呢，似乎说是臭味更贴切一些。将面团揉成棒状时，我意志非常消沉，"这下可失败了"。当时根本没心情烤了。但是，难得做了新尝试，不烤就扔掉会更可惜，于是就放进烤箱烘烤。没想到的是，烤的过程中竟然渐渐散发出一股非常好闻的香味，烤好的时候我已经从愁眉苦脸变得笑容满面了。

　　这个险些无法诞生的黑芝麻奶酪饼干，如今成了我经常做的饼干之一。

材料（约50个份）

低筋面粉·····························120g
黄油（无盐型）························60g
砂糖·································25g
鲜奶油······························2大勺
奶酪粉·······························50g
黑芝麻·······························20g
盐···································1小撮
干面粉（最好是高筋面粉）················适量

准备工作

+ 将黄油切成边长1.5cm的方块，放入冰箱冷藏。
+ 将烤箱用垫纸铺到烤盘中。

◎ 制作方法

1 将低筋面粉、砂糖、奶酪粉和盐倒入食物料理机中，稍微转一下，起到与过筛相同的作用。

2 加入黄油，反复开关食物料理机，当黄油和粉类充分混合后，加入鲜奶油和黑芝麻。继续反复开关食物料理机，等食材变成一个整体时，将其取出。

3 将面团放到撒了干面粉的台面上，分成2等份，然后分别揉成边长2.5~3cm的正方形棒状（如果面团软得不好造型，可以放入冰箱醒一段时间）。用保鲜膜包住，再放入冰箱醒2小时以上。将烤箱预热到180℃。

4 将面团切成厚7~8mm的片状，放在烤盘中，中间要留有间隔。在180℃的烤箱中烤12分钟左右。

✍ 用手制作的方法

1 将恢复到室温后变软的黄油放入碗中，用打蛋器搅拌成奶油状，加入砂糖和盐，用打蛋器搅拌成发白、蓬松的状态。

2 加入鲜奶油，充分搅拌，将筛过的低筋面粉、奶酪粉和黑芝麻一起加入碗中，用橡胶铲快速搅拌，直到看不见干面粉为止（因为没有使用食物料理机，黑芝麻还是一粒一粒的状态。可以按照喜好将一半黑芝麻磨成粉末）。

3 将食材揉成一团，放入冰箱中。之后的步骤与上面的步骤**4**相同。

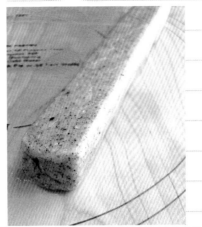

这款饼干本来是揉成圆棒后制成的。但为了做出一些变化，我故意将面团揉成了正方形的棒状。揉的时候要用手隔着保鲜膜将一边捋平，然后再依次将其他边捋平。当然也可以用刮板等道具作辅助。

图中所示是制作点心、面包和料理时常用的艾丹姆奶酪粉。制作这款饼干时，可以直接用方便的罐装奶酪粉，也可以将帕尔玛干酪或切达奶酪磨碎后使用。

黑胡椒奶酪饼干

　　下面给大家介绍黑芝麻奶酪饼干的"兄弟"——黑胡椒奶酪饼干。有时我会将几种点心组合起来后当作礼物送给朋友们。但是，这种混合点心不能只放甜味的，于是就研究出了这款饼干。本来我只打算让它作为其他点心的陪衬，然而却意外地得到了好评，如今已经快成为主角了。稍微有些辛辣的黑胡椒，让这款饼干更受成人的欢迎，不仅有人把它当作日常小零食，还有很多人把它当作喝红酒或啤酒的下酒菜。

　　如果做给不喜欢黑胡椒的人或者小朋友，可以去掉黑胡椒，直接做成原味的奶酪饼干。另外，奶酪与各种香料都比较搭，可以尝试着加入少量香料提味。

　　放30g砂糖会太甜，20g又没有味道。虽然25g的分量比较微妙，却是我认为最合适的分量。不过，究竟美不美味要由做的人和吃的人决定，大家可以不断尝试，找到自己认为的最好的配比。

材料（约50个份）

低筋面粉·····························120g
黄油（无盐型）·····················60g
砂糖·································25g
鲜奶油·····························2大勺
奶酪粉·····························50g
粗粒黑胡椒·························1小勺
盐···································1小撮
干面粉（最好是高筋面粉）·········适量

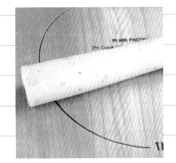

将面团揉成棒状后切开的造型方式中，我最喜欢圆形的，因为只需用手按住搓几下就弄好了，操作起来非常简单。如果面团的直径略小，可以稍微切厚一些。我制作的很多饼干都是这种造型的。

准备工作

+ 将黄油切成边长1.5cm的方块，放入冰箱冷藏。
+ 将烤箱用垫纸铺到烤盘中。

🌀 制作方法

1 将低筋面粉、砂糖、奶酪粉和盐倒入食物料理机中，稍微转一下，起到与过筛相同的作用。

2 加入黄油，反复开关食物料理机，当黄油和粉类充分混合后，加入鲜奶油和黑胡椒。继续反复开关食物料理机，等里面的食材变成一个整体时，将其取出。

3 将面团放到撒了干面粉的台面上，分成2等份，然后分别揉成直径2.5~3cm的棒状（如果面团软得不好造型，可以放入冰箱醒一段时间）。用保鲜膜包住，再放入冰箱醒2小时以上。将烤箱预热到180℃。

4 将面团切成厚7~8mm的片状，放在烤盘中，中间要留有间隔。在180℃的烤箱中烤12分钟左右。

✋ 用手制作的方法

1 将恢复到室温后变软的黄油放入碗中，用打蛋器搅拌成奶油状，加入砂糖和盐，用打蛋器搅拌成发白、蓬松的状态。

2 加入鲜奶油，充分搅拌，将筛过的低筋面粉、奶酪粉和黑胡椒一起加入碗中，用橡胶铲快速搅拌，直到看不见干面粉为止。

3 将食材揉成一团，放入冰箱中。之后的步骤与上面的步骤4相同。

比起提前磨好的黑胡椒碎，我更喜欢用需要当时动手磨的黑胡椒粒。这两者的香味完全不是一个级别的。使用自己喜欢的香料时，很容易一不小心就放多了，但一定要注意，即使再喜欢也不能多放！我就经常这样提醒自己。

香料奶酪饼干4种

黑胡椒、柚子胡椒、黑七味、粗粒黄芥末，这几种香料都是我做料理时必不可少的。有时只需加1粒或1小勺，味道就能得到提升和升华。黑七味是由辣椒、山椒、白芝麻、黑芝麻、青海苔等7种食材混合而成的，是在京都祇园"原了郭"出售的香料。它曾经被媒体大力推介过，所以很多人都应该听说过。我很喜欢撒在乌冬面和焖饭上食用，与蛋黄酱混合到一起也很好吃。

柚子胡椒是用青柚子、青辣椒和盐制作的香辛料，是已经得到大众认可的香料之一。将来我很想自己试着做一下呢。粗粒黄芥末也是我常用的香料，我经常用它做香肠，冬天也用它做奶油炖菜。然后就是黑胡椒，作为胡椒重度爱好者，无论是西式还是和式菜肴，我都会撒上一点（苦笑）。黑胡椒的香味真是无可匹敌，每次都让我欲罢不能。比起辣味，我更重视香味。

这个奶酪饼干的组合，也是由1种基础型和3种变化型组成的。4种饼干的面团质地都比较硬，所以就做了不同的造型。希望这个饼干组合能给烘焙初学者一些启发。

黑胡椒

材料（直径3cm的饼干30~35个份）

低筋面粉	60g	鲜奶油	1大勺
黄油（无盐型）	30g	粗粒黑胡椒	1/2小勺
奶酪粉	25g	盐	1小撮
砂糖	1大勺	干面粉（最好是高筋面粉）	适量

准备工作

+将黄油切成边长1.5cm的方块，放入冰箱冷藏。
+将烤箱用垫纸铺到烤盘中。

制作方法

1 将低筋面粉、奶酪粉、砂糖和盐倒入食物料理机中，转3秒左右，起到与过筛相同的作用。加入黄油，反复开关食物料理机，当黄油和粉类充分混合后，加入鲜奶油和黑胡椒。继续反复开关食物料理机，等里面的食材变成一个整体时，将其取出。

2 将面团放到撒了干面粉的台面上，揉成直径2.5~3cm的棒状（如果面团软得不好造型，可以放入冰箱醒一段时间）。用保鲜膜包住，再放入冰箱醒2小时以上。

3 将烤箱预热到180℃。面团切成厚7~8mm的片状，放在烤盘中，中间要留有间隔。在180℃的烤箱中烤10~12分钟。

用手制作的方法

1 将恢复到室温后变软的黄油放入碗中，用打蛋器搅拌成奶油状，加入砂糖和盐，用打蛋器搅拌成发白、蓬松的状态。

2 加入鲜奶油，充分搅拌，将筛过的低筋面粉、奶酪粉和黑胡椒一起加入碗中，用橡胶铲快速搅拌，直到看不见干面粉为止。

3 将食材揉成一团，放入冰箱中。之后的步骤与上面的步骤3相同。

柚子胡椒

材料（边长2.5cm的饼干30~35个份）

低筋面粉	70g		
黄油（无盐型）	30g	柚子胡椒	1/2大勺
奶酪粉	15g	盐	1小撮
砂糖	1/2大勺	干面粉（最好是高筋面粉）	
鲜奶油	1大勺		适量

制作方法

与"黑胡椒"相同。将步骤1中的黑胡椒换成柚子胡椒。面团揉成边长2.5cm的方形棒状，在冰箱中醒2小时以上，切成厚7~8cm的片状后烘烤。

黑七味

材料（长12cm的长条饼干30~35个份）

低筋面粉	60g	黑七味	1/3小勺
黄油（无盐型）	30g	盐	1小撮
奶酪粉	25g	干面粉（最好是高筋面粉）	
砂糖	1大勺		适量
鲜奶油	1大勺		

制作方法

与"黑胡椒"相同。将步骤1中的黑胡椒换成黑七味。把面团装进塑料袋中，擀成18cm×12cm的长方形，在冰箱中醒2小时以上，切成宽5mm的长条后烘烤。

粗粒黄芥末

材料（直径2.5cm的饼干20~25个份）

低筋面粉	65g	鲜奶油	1/2大勺
黄油（无盐型）	30g	粗粒黄芥末	1大勺
奶酪粉	20g	盐	2小撮
砂糖	1/2大勺		

制作方法

与"黑胡椒"相同。将步骤1中的黑胡椒换成粗粒黄芥末。不用醒面，直接将面团捏成直径2~2.5cm的圆形后烘烤（如果面团软得不好造型，可以放入冰箱醒一段时间）。

黑胡椒我没有使用特定的品牌，经常会尝试新的。MAILLE牌的黄芥末酱是我家的料理必需品。香料这种东西，只需加入很少的量，料理的味道就会产生翻天覆地的变化，真是有趣呢。

我非常喜欢"原了郭"的黑七味。以前也曾收到过别人亲手制作的柚子胡椒，好吃得不得了，给我留下了很深的印象。

奶油奶酪饼干

　　这是一款带有少许奶油奶酪和柠檬味道的饼干，口感软糯。造型时使用了裱花袋，不过说实话，我不是很擅长用裱花袋造型。我家的点心都不是很精致，这种粗糙的手作感才比较可爱。其实这只是我的借口而已，我不擅长做装饰，做蛋糕时也只是用抹刀或勺子等工具随便弄一弄。

　　一般来说，那种需要用裱花袋挤出来的点心，我都是尽可能用勺子或手代替。我没有正规的裱花袋，用的都是情人节或圣诞节鲜奶油套装中送的裱花袋。每次买鲜奶油套装都会送裱花袋，我现在已经攒了很多了（笑）。虽然用起来不是特别顺手，但用完就可以扔掉了，偶尔使用的话，这个就足够了。不过，这种赠送的裱花头实在太难用了，所以就单独买了裱花头。顺便一提，这次做的饼干就是用赠送的裱花头做的。仔细观察就会发现，饼干的纹理很粗糙（苦笑）。

材料（约50个份）

低筋面粉	120g
杏仁粉	40g
黄油（无盐型）	100g
奶油奶酪	60g
砂糖	55g
蛋黄	1个份
奇亚籽	1大勺
柠檬汁	1/2大勺
盐	1小撮

准备工作

＋黄油和奶油奶酪恢复到室温。

＋将烤箱用垫纸铺到烤盘中。

＋低筋面粉和杏仁粉一起过筛。

＋烤箱预热到170℃。

🌀 制作方法

1 将变软的黄油和奶油奶酪放入碗中，用打蛋器搅拌成细腻光滑的状态，加入砂糖和盐，用打蛋器搅拌成发白、蓬松的状态。加入蛋黄和柠檬汁，搅拌均匀。

2 将粉类一起加入碗中，用橡胶铲快速搅拌，直到看不见干面粉为止。

3 将面糊倒入装有星形裱花头的裱花袋里，在烤盘中挤出直径4cm左右的环形，放入预热到170℃的烤箱中烤15分钟左右。

把奇亚籽放进奶酪或柠檬的黄油蛋糕里也非常美味。奇亚籽含有人体所需的8种氨基酸，有很高的营养价值，而且与酸味食材很搭。很多烘焙店里卖的面包上会撒一些奇亚籽，看上去就很美味。

购买鲜奶油套装时送的裱花工具，圣诞节时送的最多。反正是免费赠送的，偶尔用用还算可以。虽然我现在是这么想的，但很容易对某样东西入迷的我（却又三分钟热度），说不定哪天迷上裱花造型的点心时，会一狠心买一套回来。

芝麻瓦片脆饼

瓦片脆饼诞生于法国，它的法文是"Tuile"，原本是瓦片的意思。正宗的瓦片脆饼在擀成薄片后还会压出一个弯，造型看起来很漂亮。但是，"反正是自家吃的，不用费心压成弯的也没关系吧。"于是我就直接把它平铺在烤盘上，放进烤箱烘烤了。

使用了黑白两种芝麻，是因为只用白芝麻会显得太单调，只用黑芝麻颜色又太厚重，为了提高卖相，就两种芝麻一样一半了。芝麻的分量和黑白比例都不用太讲究，自己看着放就可以了。能够使味道更加柔和的鲜奶油，如果没有也可以不放。蛋白不用打发，只需搅拌均匀就能做出美味的脆饼。

材料（约20个份）

低筋面粉	30g
黄油（无盐型）	30g
砂糖	40g
蛋白	1个份
鲜奶油	1大勺
白芝麻	30g
黑芝麻	30g

准备工作

+ 将烤箱用垫纸铺到烤盘中。
+ 低筋面粉过筛。
+ 将烤箱预热到170℃。

🌀 制作方法

1 将黄油放入小碗里，然后放进装有60℃热水的盆中（隔水加热），待其化开。也可以用微波炉。

2 将蛋白倒入另一个碗中，分批少量地加入砂糖，轻微打发到黏稠的状态。加入步骤1中的黄油和鲜奶油，画圈搅拌。

3 筛入粉类，用打蛋器搅拌到细腻光滑的状态，加入芝麻，充分搅拌。

4 用茶勺舀出1勺面糊，放在烤盘中，再用蘸过水的叉子将面糊延展成直径5cm的圆形。放入预热到170℃的烤箱中烤10分钟左右，用刀趁热将烤好的脆饼从烤盘中刮下来，放在一旁冷却。

要压成弯曲的造型，必须趁着脆饼还热的时候快速操作。脆饼冷却后很快就会变硬，根本没法做出曲度。操作的时候，可以用刀等工具将脆饼放在擀面杖上。温度较高，要注意防止烫伤。

材料（约20个份）

低筋面粉·······························30g
黄油（无盐型）······················30g
砂糖·······························40g
蛋白·······························1个份
鲜奶油·······························1大勺
杏仁片·······························60g

准备工作

+ 将杏仁片放入预热到150℃~160℃的烤箱中烤5分钟左右。
+ 将烤箱用垫纸铺到烤盘中。
+ 低筋面粉过筛。
+ 将烤箱预热到170℃。

◎ 制作方法

1 将黄油放入小碗里，然后放进装有60℃热水的盆中（隔水加热），待其化开。也可以用微波炉。

2 将蛋白倒入另一个碗中，分批少量地加入砂糖，轻微打发到黏稠的状态。加入步骤1中的黄油和鲜奶油，画圈搅拌。

3 筛入粉类，用打蛋器搅拌到细腻光滑的状态，加入杏仁片，用橡胶铲充分搅拌。

4 用茶勺舀出1勺面糊，放在烤盘中，再用蘸过水的叉子将面糊延展成直径5cm的圆形。放入预热到170℃的烤箱中烤10分钟左右，用刀趁热将烤好的脆饼从烤盘中刮下来，放在一旁冷却。

自家吃的脆饼其实不需要弄得太薄。如果尝试了很多种厚度，还是觉得"脆饼果然薄薄的才好吃"，那就做得薄一点吧（笑）。

杏仁瓦片脆饼

薄薄脆脆的瓦片脆饼不仅可以配咖啡或红茶等热饮吃，配冰甜点也很适合。招待客人时，在冰淇淋、慕斯和巴巴露等冰甜点旁配上一盘瓦片脆饼，客人们吃得尽兴，我也觉得很开心。

这款瓦片脆饼的造型是小小的椭圆形，既可以蘸着打发的鲜奶油或卡仕达酱，也可以将奶油夹在中间食用。

放上一些磨碎的柠檬皮或橙子皮，这款杏仁瓦片脆饼就能马上变成清爽型的点心。撒上一些香草豆，做成香草味的脆饼也不错。在寒冷的季节里，配上一杯甜甜的热巧克力，简直让人欲罢不能。用柚子调味的瓦片脆饼与微苦的日本煎茶似乎也很搭呢。

巧克力饼干

　　我喜欢酥脆的口感，所以经常做这款巧克力饼干。制作时会涉及到化开巧克力的方法，但如果使用食物料理机，就不用将巧克力化开，甚至不用切碎。

　　在加入粉类时将巧克力也一起掰碎加入，只要让食物料理机稍微转一下，就能将巧克力搅碎了。接着加入黄油和牛奶，等搅拌到看不见干面粉的状态时，装进塑料袋，揉成一个面团。

　　我一直觉得给饼干造型很麻烦，所以很少用模具制作饼干，不过，当造型可爱的饼干出炉时，心情也会瞬间变好呢。

材料（直径5.5cm的花朵饼干约25个份）

烘焙专用巧克力（半甜）……………………… 60g
牛奶…………………………………………… 1大勺
低筋面粉……………………………………… 150g
黄油（无盐型）………………………………… 60g
砂糖…………………………………………… 40g
盐…………………………………………… 1小撮
干面粉（最好是高筋面粉）…………………… 适量

准备工作

＋将黄油切成边长1.5cm的方块，放入冰箱冷藏。
＋将烤箱用垫纸铺到烤盘中。
＋巧克力切碎。

🌀 制作方法

1 将巧克力和牛奶放入小碗里，然后放进装有60℃热水的盆中（隔水加热），待其化开。也可以用微波炉。化开后放在一旁待其冷却。

2 将低筋面粉、砂糖和盐倒入食物料理机中，稍微转一下，起到与过筛相同的作用。

3 加入黄油，反复开关食物料理机，当黄油和粉类充分混合后，加入步骤1的材料。继续反复开关食物料理机，搅拌到看不见干面粉时，将食材取出。

4 将食材装进塑料袋中，从上向下按压揉捏，将食材揉成一个面团（制作这款饼干的食材比较特殊，无法用食物料理机揉成一团）。将面团表面揉光滑，放入冰箱醒1小时以上。

5 将烤箱预热到170℃。将面团放到撒了干面粉的台面上，用擀面杖擀成厚3mm左右的片状（如果面团中有小硬块，可以先用手揉几下再擀）。用撒了干面粉的模具将面片压成花朵的形状，用叉子扎出气孔，放入预热到170℃的烤箱中烤12分钟左右。

✋ 用手制作的方法

1 将巧克力和牛奶放入小碗里，用与上面相同的方法化开。

2 将恢复到室温后变软的黄油放入另一个碗中，用打蛋器搅拌成奶油状，加入砂糖和盐，充分搅拌。再加入步骤1，搅拌均匀。

3 将筛过的低筋面粉一次性加入，用橡胶铲快速搅拌，直到看不见干面粉为止。

4 将食材揉成一团，放入冰箱中。之后的步骤与上面的步骤5相同。

材料（约55个份）

低筋面粉·······················110g
杏仁粉························· 50g
可可粉························· 20g
黄油（无盐型）···················· 90g
砂糖··························· 45g
蛋黄·························· 1个份
盐··························· 1小撮

准备工作

+ 将黄油切成边长1.5cm的方块，放入冰箱冷藏。
+ 将烤箱用垫纸铺到烤盘中。

🌀 制作方法

1 将低筋面粉、杏仁粉、可可粉、砂糖和盐倒入食物料理机中，稍微转一下，起到与过筛相同的作用。
2 加入黄油，反复开关食物料理机，当黄油和粉类充分混合后，加入蛋黄。继续反复开关食物料理机，等里面的食材变成一个整体时，将其取出。
3 将面团表面揉光滑，装进塑料袋或用保鲜膜包住，放入冰箱醒1小时以上。
4 将烤箱预热到170℃。取出面团，用勺子或手分成小块，揉成直径1.5~2cm的圆形（再用手稍微按平），放在烤盘中，中间要留有间隔。在预热到170℃的烤箱中烤15分钟左右。

✋ 用手制作的方法

1 将恢复到室温后变软的黄油放入碗中，用打蛋器搅拌成奶油状，加入砂糖和盐，用打蛋器搅拌成蓬松的状态。加入蛋黄，充分搅拌。
2 将筛过的低筋面粉、杏仁粉和可可粉一起加入碗中，用橡胶铲快速搅拌，直到看不见干面粉为止。
3 将食材揉成一团，放入冰箱中。之后的步骤与上面的步骤**4**相同。

可可饼干

我很爱喝可可，而且是冬天的热可可。与咖啡、红茶类的饮料不同，可可没办法天天饮用，但到了寒冷的夜里或心情不好的时候，一杯甜甜的略带苦味的热可可，就能让人立刻温暖起来。在锅中加入小小的牛奶面包、可可粉、砂糖和牛奶，稍微搅拌成糊状后开火加热，再分批少量地加入一些牛奶，慢慢搅拌，制作出黏稠香甜的热可可。

可以让人觉得身体和心灵一起温暖起来的也许就是这个慢慢制作的过程。或者是由这杯热可可联想起的少女时期的心动回忆（笑）。你问我会联想到什么回忆？那可是不能说的秘密呀。

奶油焦糖夹心饼干

　　焦糖不但可以烤到饼干里，还可以涂到或浇到饼干上，甚至可以夹到饼干里。略带苦味的焦糖很适合夹在味道较甜的饼干中，这样整体口味也会比较有层次感。如果觉得做出的焦糖太苦，可以分批少量地加入黄油，做成黄油焦糖酱。甜味不够的话，则可以稍微撒些糖粉进去。这样做出的黄油酱也可以用来当作达垮司等点心的夹心。

　　做饼干时，我经常会多做出一些送给朋友，或者多准备一些面团冷冻在冰箱里，下次就可以直接使用了。不过，在短时间内做出很少的饼干，这样的方法我也不反感。有时，特别想在喝茶时配点甜甜的点心，但又不想花太长时间。为了这样的需求，我研究出了这个简单省时的快手做法。希望大家都能活用，打造更美妙的下午茶时间。

材料（约20组份）

低筋面粉·································· 40g
杏仁粉······························· 30g
黄油（无盐型）···················· 40g
砂糖································· 30g
盐·································· 1小撮
奶油焦糖酱
　砂糖······························· 75g
　水·································· 1/2大勺
　鲜奶油··························· 100mL

准备工作

+ 将黄油切成边长1.5cm的方块，放入冰箱冷藏。
+ 将烤箱用垫纸铺到烤盘中。

🌀 制作方法

1 制作奶油焦糖酱。将砂糖和水倒入小锅中，开中火加热，不要摇动小锅，静待砂糖完全溶解。当小锅边缘稍微变色时，开始摇动小锅，使整体色泽均一。等锅中液体变成茶色时，关火。将用其他锅或微波炉加热的鲜奶油分批少量地加入锅中（注意不能溢锅），用木铲充分搅拌，放在一旁待其冷却。将烤箱预热到170℃。

2 将低筋面粉、杏仁粉、砂糖和盐倒入食物料理机中，稍微转一下，起到与过筛相同的作用。

3 加入黄油，反复开关食物料理机，搅拌到没有干面粉且里面的食材变成一个整体时，将其取出。

4 用勺子或手将面团分成小块，揉成直径1.5~2cm的圆形，放在烤盘中，中间要留有间隔（如果面团软得不好造型，可以放入冰箱醒一段时间）。在预热到170℃的烤箱中烤15分钟左右。

5 等饼干完全冷却后，用小勺取焦糖酱，抹在两片饼干中间，做成夹心饼干。

👋 用手制作的方法

1 将恢复到室温后变软的黄油放入碗中，用打蛋器搅拌成奶油状，加入砂糖和盐，用打蛋器搅拌成发白、蓬松的状态。

2 将筛过的低筋面粉和杏仁粉一起加入碗中，用橡胶铲快速搅拌，直到看不见干面粉为止。

3 将食材揉成一团，放入冰箱中。之后的步骤与上面的步骤4、5相同。

这款饼干本来是将奶油焦糖酱夹在中间的夹心饼干，但是也可以不提前夹好，吃的时候一边抹一边吃。

巧克力裂纹饼干

　　这款巧克力裂纹饼干是以司康的做法为基础制成的，既有巧克力的味道，又有司康的口感。整体口感并不酥脆，而是有些湿润、软糯，所以保存时不需要干燥剂。隔天或者在潮湿的天气中放置后再食用也照样好吃。另外，食用时也可以像司康一样抹上奶油或热一下再吃。

　　刚揉好的面团多少会有些软，做造型会比较困难，可以利用干面粉或者放入冰箱冷藏一会儿，然后再揉成小小的圆形。

材料（直径3cm的饼干约18个份）

低筋面粉	75g
可可粉	1大勺
泡打粉	1/4小勺
黄油（无盐型）	30g
砂糖	20g
蛋黄	1个份
牛奶	2大勺
盐	1小撮
烘焙专用巧克力（半甜）	25g
装饰用糖粉	适量

准备工作

+ 将黄油切成边长1.5cm的方块，放入冰箱冷藏。
+ 巧克力切碎。
+ 将烤箱用垫纸铺到烤盘中。
+ 烤箱预热到170℃。

◎ 制作方法

1 将巧克力放入小碗里，然后放进装有60℃热水的盆中（隔水加热），待其化开。也可以用微波炉。
2 将低筋面粉、可可粉、泡打粉、砂糖和盐倒入食物料理机中，转3秒左右，起到与过筛相同的作用。
3 加入黄油，反复开关食物料理机，当黄油和粉类充分混合后，加入牛奶、步骤1中的巧克力和蛋黄。继续反复开关食物料理机，搅拌到没有干面粉且里面的食材变成一个整体时，将其取出。
4 取1/2大勺面团，揉成圆形后放在烤盘中，中间要留有间隔。放入预热到170℃的烤箱中烤15分钟左右。冷却后，按照喜好撒上糖粉。

✋ 用手制作的方法

1 将牛奶倒入一个小容器中，加入用隔水加热或微波炉化开的巧克力，放入冰箱冷藏。
2 将低筋面粉、可可粉、泡打粉、砂糖和盐筛入碗中，用打蛋器混合均匀。
3 加入切成边长1.5cm的方块、冷藏过的黄油，用刮板等工具，像切东西一样将黄油与粉类混合到一起。用手指将食材揉成颗粒状，加入步骤1的材料和蛋黄，用橡胶铲混合均匀。
4 之后的步骤与上面的步骤4相同。

材料（2cm×1.5cm的饼干约80个份）

低筋面粉	130g
榛子粉	35g*
黄油（无盐型）	80g
砂糖	40g
蛋黄	1个份
盐	1小撮

*也可以用杏仁粉代替。

准备工作

+ 将黄油切成边长1.5cm的方块，放入冰箱冷藏。
+ 将烤箱用垫纸铺到烤盘中。

◎ 制作方法

1 将低筋面粉、榛子粉、砂糖和盐倒入食物料理机中，转3秒左右，起到与过筛相同的作用。

2 加入黄油，反复开关食物料理机，当黄油和粉类充分混合后，加入蛋黄。继续反复开关食物料理机，等食材变成一个整体时，将其取出。

3 将面团表面揉光滑，装进塑料袋或用保鲜膜包住，放入冰箱醒1小时以上。

4 将面团分成8等份，揉成直径1cm左右的棒状，再用保鲜膜包住，放入冰箱醒1小时以上。

5 将烤箱预热到170℃。将面团切成厚1.5~2cm的片状，放在烤盘中，中间要留有间隔。在预热到170℃的烤箱中烤10分钟左右。撒上一些砂糖（分量外），切开后再烘烤，味道会更上一层楼。

✋ 用手制作的方法

1 将恢复到室温后变软的黄油放入碗中，用打蛋器搅拌成奶油状，加入砂糖和盐，用打蛋器搅拌成发白、蓬松的状态。

2 加入蛋黄，充分搅拌，将筛过的低筋面粉和榛子粉一起加入碗中，用橡胶铲快速搅拌，直到看不见干面粉为止。

3 将食材揉成一团，放入冰箱中。之后的步骤与上面的步骤4、5相同。

用手滚动面团，将其揉成细细的棒状，用保鲜膜包住，放入冰箱醒一下。

迷你方块饼干

日本有一种名叫"迷你猪肉肠"的香肠，这款迷你方块饼干的大小比迷你猪肉肠还小，一口就能吃掉两三块。本来我觉得80个的量有点多，想写制作40个的做法，但是如果减成40个，蛋黄就只能是1/2个了。将整个鸡蛋分成1/2还比较容易，可只是蛋黄就有点困难了。当然，这只是我当家庭主妇多年的直觉罢了（笑）。

综上所述，我今天就给大家介绍制作80个迷你方块饼干的方法。如果觉得都做成一种太没意思了，还可以将面团分成两份，一份做成迷你方块饼干，另一份揉成直径3cm的棒状，做成普通的圆形饼干。当然，也可以留出一半的面团放在冰箱冷冻保存，这样以后再想吃的时候，就能很快做出来。

果酱饼干

用果酱做成的饼干有很多种，比如将果酱揉进面团中的饼干、在面片表面涂上果酱后卷起来烘烤的饼干、烤好后将果酱夹在中间的夹心饼干。这些用果酱制成的饼干中，我最中意这种将果酱抹在上层的饼干。

我一直想做出一种既不会影响果酱味道，单独吃又很美味的饼干。为了打造出清爽的味道和口感，我使用了酸奶油。另外，我还想要一些特别的要素，于是又加了杏仁片。我希望想吃的时候马上就能做出来，于是就选择了不用醒的面团。这就是我研究出这个做法的初衷。

取出1/2大勺的面团，做成1个份的饼干。为了更方便地将面团分成小份，可以用舀冰淇淋的勺子。用容量8mL的冰淇淋勺子取出1块面团，放在烤盘中，之后统一处理成中间凹陷的造型。这就是我经常使用的造型方法。

材料（直径4.5cm的饼干约25个份）

低筋面粉··································	90g
黄油（无盐型）························	50g
酸奶油·································	20g
砂糖···································	35y
蛋黄···································	1个份
盐·····································	1小撮
杏仁片·································	30g
放在上面的果酱（草莓酱、橘子酱等）·········	适量

准备工作

+ 将黄油切成边长1.5cm的方块，放入冰箱冷藏。

+ 将杏仁片放入预热到160℃的烤箱中烤6~8分钟，放在一旁冷却。

+ 将烤箱用垫纸铺到烤盘中。

+ 将烤箱预热到170℃。

🌀 制作方法

1 将低筋面粉、砂糖和盐倒入食物料理机中，转3秒左右，起到与过筛相同的作用。

2 加入黄油和酸奶油，反复开关食物料理机，当黄油和粉类充分混合后，加入蛋黄，稍微转几下。加入杏仁片，继续反复开关食物料理机，等里面的食材变成一个整体时，将其取出。

3 取出1/2大勺的面团，用手揉圆，放在烤盘中，中间要留有间隔。面团中央用手指按出一个小坑，放入预热到170℃的烤箱中烤12~15分钟。稍微冷却后，放上果酱。

👋 用手制作的方法

1 将恢复到室温后变软的黄油和酸奶油放入碗中，用打蛋器搅拌成奶油状，加入砂糖和盐，用打蛋器搅拌成蓬松的状态。

2 加入蛋黄，充分搅拌，然后将筛过的低筋面粉、切碎的杏仁片一起加入碗中，用橡胶铲快速搅拌，直到看不见干面粉为止。

3 之后的步骤与上面的步骤3相同。

酸奶油是在制作甜点和料理时都能用到的食材。最近，我很喜欢将酸奶油和熏三文鱼搭配到一起食用。在三文鱼上抹一些酸奶油，再撒上粗粒黑胡椒，简直美味极了。我在家附近的超市发现了这种罐装酸奶油，使用起来非常方便。

这是我最喜欢的莎拉贝思（Sarabeth's）"手工果酱"。其中，我最偏爱的是"橘子&杏果酱"和"红柚果酱"这两种。每种都很好吃！

这是舀冰淇淋的勺子，用它取面团时操作起来非常方便。这是容量为8mL的小号勺子。与1/2大勺的分量差不多。

奶酪夹心沙布列

　　这款饼干使用了口感酥脆清爽的沙布列面团。食材分量和制作方法都没什么特别之处，虽然普通却非常美味，是我最喜欢的饼干之一。中间的夹心是由奶油奶酪、砂糖和黄油制成的。整体味道较淡，可以按照喜好加入利口酒、橘子果露或朗姆葡萄干等进行调味。如果想突出奶酪的味道，可以增加奶油奶酪的比例。

　　不使用模具，直接切成正方形后烘烤，这样就不会浪费面团。中间的夹心含有奶油的成分，做好后必须放入冰箱冷藏。烤好后，放到第二天，夹心中的水分会渗入饼干里，稍微沾上些湿气的饼干也别有一番风味。

材料（直径4.5cm的饼干约15组份）

低筋面粉	100g
杏仁粉	25g
黄油（无盐型）	60g
糖粉	35g
蛋黄	1个份
盐	1小撮
奶酪夹心	
奶油奶酪	40g
黄油（无盐型）	60g
糖粉	1大勺

准备工作

+ 将黄油切成边长1.5cm的方块，放入冰箱冷藏。
+ 制作奶酪夹心用的奶油奶酪和黄油恢复到室温。
+ 将烤箱用垫纸铺到烤盘中。

◎ 制作方法

1 将低筋面粉、杏仁粉、糖粉和盐倒入食物料理机中，转3秒左右，起到与过筛相同的作用。加入黄油，反复开关食物料理机，当黄油和粉类充分混合后，加入蛋黄。继续反复开关食物料理机，等里面的食材变成一个整体时，将其取出。

2 将面团装进塑料袋，用擀面杖擀成厚2~3mm的片状，放入冰箱醒2小时以上。

3 将烤箱预热到170℃。用直径4.5cm的模具将面片切成圆形，放在烤盘中，中间要留有间隔。放入预热到170℃的烤箱中烤12分钟左右。

4 趁着沙布列冷却的时候制作奶酪夹心。将恢复到室温后变软的奶油奶酪和黄油放入碗中，用打蛋器搅拌成奶油状，加入糖粉，搅拌成蓬松的状态。

5 等沙布列完全冷却后，用裱花袋或勺子将奶酪夹心放在沙布列上，制作成夹心饼干。最后放入冰箱冷藏。

✋ 用手制作的方法

1 将恢复到室温后变软的黄油放入碗中，用打蛋器搅拌成奶油状，加入糖粉和盐，用打蛋器搅拌成发白、蓬松的状态。

2 加入蛋黄，充分搅拌，然后将筛过的低筋面粉、杏仁粉一起加入碗中，用橡胶铲快速搅拌，直到看不见干面粉为止。

3 将食材揉成一团，放入冰箱中。之后的步骤与上面的步骤3~5相同。

材料（12cm长的饼干约25个份）

低筋面粉························· 80g

高筋面粉（如果没有可以换成低筋面粉）······· 50g

黄油（无盐型）······················· 50g

起酥油（如果没有可以换成黄油）··········· 10g

黄蔗糖（如果没有可以换成砂糖）·········· 1/2大勺

牛奶····························· 2大勺

盐·························· 1小撮

红切达奶酪······················· 60g

烘烤之前撒的奶酪粉、粗粒黑胡椒、粗盐········各适量

准备工作

+ 将黄油和红切达奶酪切成边长1.5cm的方块，放入冰箱冷藏。

+ 将烤箱用垫纸铺到烤盘中。

🌀 制作方法

1 将低筋面粉、高筋面粉、黄蔗糖、盐和红切达奶酪倒入食物料理机中，转3秒左右，起到与过筛相同的作用。加入黄油和起酥油，反复开关食物料理机，当黄油和粉类充分混合后，加入牛奶。继续反复开关食物料理机，等里面的食材变成一个整体时，将其取出。

2 将面团装进塑料袋，用擀面杖擀成25cm×12cm的片状，放入冰箱醒2小时以上。

3 将烤箱预热到180℃。将擀好的面片切成宽1cm的棒状，放在烤盘中，中间要留有间隔。撒上奶酪粉、黑胡椒和粗盐，放入预热到180℃的烤箱中烤12~15分钟。

✋ 用手制作的方法

1 将恢复到室温后变软的黄油和起酥油放入碗中，用打蛋器搅拌成奶油状，加入黄蔗糖和盐，用打蛋器搅拌成发白、蓬松的状态。

2 加入牛奶，充分搅拌，然后将筛过的低筋面粉、高筋面粉和磨碎的红切达奶酪一起加入碗中，用橡胶铲快速搅拌，直到看不见干面粉为止。

3 将食材揉成一团，放入冰箱中。之后的步骤与上面的步骤3相同。

红切达奶酪口感细腻，味道像坚果一样浓郁可口。使用时可以切成小块或者磨成碎末，在制作黄油蛋糕和面包时都能用到。

奶酪沙布列棒

这种食用起来非常方便的棒状沙布列可以放在杯子里，配着红酒或啤酒当下酒菜吃。我不会喝酒，本来一直用它当喝茶时的点心，但最近我非常憧憬那种很有气氛的"成人之间的喝酒聊天"，也就慢慢开始学喝红酒。然而，学喝酒这件事真的很难。我实在没有闲情追求那些很难的事，在判断一款食物是否美味时，总是优先参考第一印象。

制作这款沙布列棒时，我使用了红切达奶酪，切碎之后撒在沙布列上，星星点点的橙色碎粒看起来非常好看。大家可以按照喜好换成其他硬奶酪，当然也可以用方便的奶酪粉代替。烘烤之前撒上的奶酪（可以用与面团中相同的奶酪），但如果换成其他品种，两种味道叠加起来会显得更有层次感。

椰子沙布列

与椰子味甜点最配的饮料当属咖啡，虽然不知为什么，但我心里一直默认这种搭配方式。本来以前我是不爱喝咖啡的，但这几年对咖啡的印象突然有所改观，不但喜欢上了喝咖啡，还找到了几家自己很喜欢的咖啡豆店铺。除了咖啡豆的种类之外，稍微改变一下烘焙方式和冲泡方式，咖啡的味道也会产生很大的变化。真是一个深奥的领域啊。

探索未知的事物，涉足之前不太感兴趣的领域，即使这个领域很渺小，也能为你的人生增添一种新的乐趣，我觉得这种尝试是非常有必要的。

对于那些给予我启发，让我发现新世界的人、事、物，我内心充满感激。

材料（边长4cm的正方形沙布列约40个份）

低筋面粉	120g
椰子粉	80g
黄油（无盐型）	80g
糖粉	50g
鸡蛋	1/2个份
盐	2小撮

准备工作

+ 将黄油切成边长1.5cm的方块，放入冰箱冷藏。
+ 将烤箱用垫纸铺到烤盘中。

🌀 制作方法

1 将低筋面粉、椰子粉、糖粉和盐倒入食物料理机中，转3秒左右，起到与过筛相同的作用。

2 加入黄油，反复开关食物料理机，当黄油和粉类充分混合后，加入鸡蛋。继续反复开关食物料理机，等里面的食材变成一个整体时，将其取出。

3 将面团分成2等份，装进塑料袋，用擀面杖擀成20cm×16cm的片状，放入冰箱醒2小时以上。

4 将烤箱预热到180℃。将擀好的面片切成边长4cm的正方形，放在烤盘中，中间要留有间隔。放入预热到180℃的烤箱中烤10~12分钟。

✋ 用手制作的方法

1 将恢复到室温后变软的黄油放入碗中，用打蛋器搅拌成奶油状，加入糖粉和盐，用打蛋器搅拌成发白、蓬松的状态。

2 加入鸡蛋，充分搅拌，然后将筛过的低筋面粉和椰子粉一起加入碗中，用橡胶铲快速搅拌，直到看不见干面粉为止。

3 将食材揉成一团，放入冰箱中。之后的步骤与上面的步骤4相同。

将椰子果肉晒干、磨成粉末后制成的食材就是椰子粉。

材料（直径4~5cm的饼干约50个份）

低筋面粉	35g
杏仁粉	20g
黄油（无盐型）	30g
糖粉	50g
蛋白	1个份
鲜奶油	50mL
盐	1小撮
装饰用烘焙巧克力（半甜）	适量

准备工作

+ 蛋白恢复到室温。
+ 巧克力切碎。
+ 低筋面粉和杏仁粉一起过筛。
+ 将烤箱用垫纸铺到烤盘中。
+ 烤箱预热到170℃。

◎ 制作方法

1 将黄油放入小碗里，然后放进装有60℃热水的盆中（隔水加热），待其化开。也可以用微波炉。

2 将蛋白倒入另一个碗中，用打蛋器充分搅拌，直到蛋白内的结块消失为止。加入糖粉和盐，用打蛋器搅拌成黏稠、发白的状态（不打发也没关系）。

3 加入鲜奶油和步骤1中的黄油，画圈搅拌，筛入粉类，用打蛋器快速搅拌均匀。

4 舀出1小勺面糊，滴在烤盘中，中间要留有间隔。放入预热到170℃的烤箱中烤12~15分钟。完全冷却后，浇上化开的巧克力做装饰。

猫舌饼干

　　黄油的醇香、鲜奶油的柔滑口感、杏仁的香味，将这三种美味要素结合起来的就是猫舌饼干。浇上巧克力后甜味瞬间倍增，再配上绿茶等饮料，可以说再合适不过了。当你工作了很长时间想要休息时，这款饼干绝对是治愈身心的首选。

　　如果将黑巧克力换成白巧克力，饼干的外形会显得更优雅别致。刚烤好时，可以趁热做出弯曲的造型（这款饼干冷却后会马上变硬，变凉后再造型就容易碎掉）。当然，不浇巧克力（不造型）就直接食用也会很美味。

用巧克力装饰的方法有两种。一种是将化开的巧克力倒入小碗中，用饼干蘸一些巧克力，放在冷却架上，等待巧克力变硬。另一种是将巧克力装入裱花袋或剪有小口的塑料袋中，然后用巧克力在饼干上画线。大家可以按照自己的喜好选择装饰方法。

椰丝白巧克力滴落饼干

我非常喜欢烘焙道具和料理道具，所以超爱逛厨具杂货店。"为了做○○，好想要这个工具啊""如果有那个工具，就能做出○○了"……我每次都满怀期待，希望在厨具杂货店发现方便的工具、可爱的容器或新的器具等。

结婚之前，我根本想不到以后会如此狂热地爱上一切与厨房有关的东西（当时对料理一点兴趣都没有）。如今，当别人问我"想要什么"的时候，我会毫不犹豫地回答"想要新的锅"。意识到这种剧烈的心理变化之后，我忍不住"哈哈哈"地笑出声来。

我喜欢上烤这种滴落饼干的契机也是源于某种工具。当时我买到了制作滴落饼干的专用勺子和刮铲。其实，用两个普通勺子也能达到一样的效果，但是能使用自己喜欢的工具，还是让人很开心啊。

材料（直径约4cm的饼干约40个份）

低筋面粉·····················150g
黄油（无盐型）··············· 80g
起酥油······················· 50g
砂糖························· 80g
鸡蛋·························· 1个
盐·························· 1小撮
椰丝（细丝）················· 50g
巧克力片（白色）·············100g

准备工作

+黄油和鸡蛋恢复到室温。
+将烤箱用垫纸铺到烤盘中。
+低筋面粉过筛。
+烤箱预热到170℃。

◎ 制作方法

１将恢复到室温后变软的黄油和起酥油放入碗中，用打蛋器搅拌成奶油状，加入砂糖和盐，用打蛋器搅拌成发白、蓬松的状态。

２分批少量地加入打散的蛋液，慢慢搅拌均匀。

３一次性加入所有粉类，用橡胶铲快速搅拌，要用切东西似的手法搅拌。搅拌到还留有一些干面粉时，加入椰丝和巧克力片。将所有材料搅拌均匀。

４用大勺取约1大勺步骤３中的面糊，再用另一个勺子将面糊滴到烤盘上，中间要留有间隔。烘烤过程中面糊会自己变平，所以只需滴落就可以了。放入预热到170℃的烤箱中烤15~20分钟。

为了顺利取出滴落饼干的面糊，并将其滴到烤盘上，需要使用勺子和刮铲。这套工具是由一大一小两个勺子和一个刮铲组成的。用勺子取出面糊（根据自己想做的饼干选择勺子大小），然后用刮铲将勺子里的面糊滴到烤盘上。勺子是用树脂加工而成的，面糊不会黏在上面，使用起来很方便。这是美国AMCO公司生产的，它们生产的工具外形都很有美感。

用黑巧克力片还是白巧克力片，全凭自己的喜好。我喜欢将白巧克力和椰丝搭配到一起使用。

起酥油是用来代替猪油的加工油脂。制作饼干时使用起酥油，能让饼干口感更酥脆轻盈。起酥油本身没有味道，推荐与黄油搭配使用。如果没有起酥油，只用黄油也能制作这款饼干。口感可能不那么酥脆，但味道会更浓郁。

奶酪核桃滴落饼干

如果是使用奶酪粉制作饼干，我最常做的是咸味的黑胡椒奶酪饼干（P26）。而与黑胡椒奶酪饼干差不多制作频率的就是这款滴落饼干了。也许是因为这款饼干不需要醒面，而且操作简单吧。这款饼干的面糊比一般的滴落饼干稍微硬一些，也可以用手造型。取出1大勺的面糊，用手捏成圆形，再按压一下，就能做成简朴又可爱的圆形饼干了。

奶酪粉选用的奶酪是香味和咸味都比较浓烈的埃丹奶酪，烘烤后仍然会留有浓郁的香味，与坚果比起来也绝不逊色。除了核桃外，还可以按照喜好加入夏威夷果或杏仁等坚果。如果想提高卖相和口感，也可以撒上一些芝麻，这样饼干的味道就变得更加丰富有趣了。

材料（直径3.5~4cm的饼干约40个份）

低筋面粉·······························150g
黄油（无盐型）·························80g
起酥油······························20g*
砂糖··································35g
鸡蛋····································1个
盐····································1小撮
奶酪粉································60g
核桃··································80g

*如果没有，可以用黄油代替。

准备工作

+ 黄油和鸡蛋恢复到室温。
+ 将核桃放入预热到150~160℃的烤箱中烤8分钟左右，放入塑料袋，用擀面杖擀碎。
+ 低筋面粉过筛。
+ 将烤箱用垫纸铺到烤盘中。
+ 烤箱预热到170℃。

◎ 制作方法

1 将恢复到室温后变软的黄油和起酥油放入碗中，用打蛋器搅拌成奶油状，加入砂糖和盐，用打蛋器搅拌成发白、蓬松的状态。分批少量地加入打散的蛋液，慢慢搅拌均匀。

2 一次性加入所有粉类，用橡胶铲快速搅拌，要用切东西似的手法搅拌。搅拌到还留有一些干面粉时，加入奶酪粉和核桃。将所有材料搅拌均匀。

3 取1勺面糊，再用另一个勺子将面糊滴到烤盘上，中间要留有间隔。放入预热到170℃的烤箱中烤15~20分钟。

如果想使饼干口感更酥脆，可以将一部分黄油换成起酥油。当然全部使用黄油也没问题。

烘烤核桃时，当核桃稍微变色且散发出好闻的香味即可取出。奶酪粉可以用现成的罐装奶酪粉。我个人比较喜欢使用粉末状的埃丹奶酪。

材料（直径3.5~4cm的饼十约30个份）

低筋面粉·································· 50g
黄油（无盐型）······················· 50g
砂糖·································· 35g
鸡蛋·································· 1/2个份
盐···································· 1小撮
橙子皮································ 40g
杏仁片································ 60g

准备工作

+ 将杏仁片放入预热到150~160℃的烤箱中烤5分钟左右，放在一旁冷却。

+ 低筋面粉过筛。

+ 将烤箱用垫纸铺到烤盘中。

+ 烤箱预热到160℃。

◎ 制作方法

| 将黄油放入碗里，然后放进装有60℃热水的盆中（隔水加热），待其化开。也可以用微波炉。黄油化开后，将碗从盆中取出，加入砂糖和盐，用打蛋器搅拌均匀，再加入鸡蛋和橙子皮，充分搅拌。

2 筛入粉类，边加入边用橡胶铲搅拌，搅拌到细腻光滑的状态，加入杏仁片，快速搅拌均匀。

3 取1勺面糊，再用另一个勺子将面糊滴到烤盘上，中间要留有间隔。放入预热到160℃的烤箱中烤20~30分钟，烤到略微变色的程度为止。

橙子皮杏仁滴落饼干

这款饼干在化开的黄油里加入大量的杏仁片，味道比较像厚厚的杏仁瓦片饼干。

烘焙时，我总是喜欢放上喜欢的CD或广播节目，制造出比较轻松的氛围。我也想像别人一样，有品位地说一句"我最爱听西洋音乐"，但实际上，我很少听西洋音乐，平时买的CD和DVD也是以日本歌手为主。舒服的旋律配上日语歌词，才是最让人安心的（笑）。

烤这款饼干时，我放的是在家中和车里都经常听的《G10》《Dressed up to the Nines》《Love Anthem》等专辑。我好喜欢The Gospellers乐队啊。

除了橙子皮外，还可以换成其他柑橘系水果的皮，比如柠檬皮或柚子皮。如果不使用水果皮，可以加入少量的生姜片。

葡萄干白巧克力滴落饼干

柔滑甜美的白巧克力配上酸酸的果干，我很喜欢这种组合方式。除了饼干之外，我还用类似的组合做过黄油蛋糕、戚风蛋糕和司康等甜点。果干有很多种选择，比如葡萄干、蔓越莓干、草莓干、覆盆子干等。比起甜果干，略带酸味的果干更适合搭配巧克力使用。

这次，我将葡萄干与白巧克力组合使用。葡萄干也有很多不同的种类，味道、颜色和大小都有区别。将一部分黄油换成起酥油，饼干的口感会变得更加酥脆。

材料（直径4~5cm的饼干约25个份）

低筋面粉	150g
泡打粉	1/4小勺
黄油（无盐型）	120g
砂糖	60g
鸡蛋	1个
盐	1小撮
葡萄干	80g
巧克力片（白色）	40g

准备工作

+ 黄油和鸡蛋恢复到室温。
+ 低筋面粉和泡打粉一起过筛。
+ 将烤箱用垫纸铺到烤盘中。
+ 烤箱预热到170℃。

🌀 制作方法

1 将恢复到室温后变软的黄油放入碗中，用打蛋器搅拌成奶油状，加入砂糖和盐，用打蛋器搅拌成发白、蓬松的状态。分批少量地加入打散的蛋液，慢慢搅拌均匀。

2 一次性加入所有粉类，用橡胶铲快速搅拌，要用切东西似的手法搅拌。搅拌到还留有一些干面粉时，加入葡萄干和巧克力片。将所有材料搅拌均匀。

3 用大勺取面糊，再用另一个勺子将面糊滴到烤盘上，中间要留有间隔。放入预热到170℃的烤箱中烤18~20分钟。

葡萄干和巧克力很搭。在玛芬和司康这种日常甜点中也可以毫无顾虑地加入。葡萄干与微苦的黑巧克力搭配起来也不错。

材料（15cm长的饼干约40个份）

低筋面粉·································· 120g
黄油（无盐型）······················ 30g
黄蔗糖（如果没有可以换成砂糖）········· 1/2小勺
牛奶······························ 3大勺
盐·································· 1/2小勺
黑芝麻····························· 20g
白芝麻····························· 20g

准备工作

+ 将黄油切成边长1.5cm的方块，放入冰箱冷藏。
+ 将烤箱用垫纸铺到烤盘中。

◎ 制作方法

1 将低筋面粉、黄蔗糖和盐倒入食物料理机中，转3秒左右，起到与过筛相同的作用。

2 加入黄油，反复开关食物料理机，当黄油和粉类充分混合后，加入牛奶和芝麻。继续反复开关食物料理机，等里面的食材变成湿润柔软的状态时，将其取出。

3 将面团装进塑料袋，隔着塑料袋将面团揉成一团，用擀面杖擀成厚5mm（25cm×15cm）的片状，放入冰箱醒2小时以上（如果可以，尽量醒一晚上）。

4 将烤箱预热到180℃。将擀好的面片切成宽5~7mm的棒状，放在烤盘中，中间要留有间隔。放入预热到180℃的烤箱中烤18~20分钟。

✋ 用手制作的方法

1 将恢复到室温后变软的黄油放入碗中，用打蛋器搅拌成奶油状，加入黄蔗糖和盐，用打蛋器搅拌成蓬松的状态。

2 将筛过的低筋面粉加入碗中，用橡胶铲快速搅拌，搅拌到还留有一些干面粉时，加入芝麻和牛奶。将所有材料搅拌均匀。

3 将食材揉成一团，放入冰箱中。之后的步骤与上面的步骤**4**相同。

芝麻咸饼干

这款饼干中加入了很多芝麻，整体味道是咸中带香。我制作时是将黑白两种芝麻以1：1的比例混合使用的，当然也可以只用其中一种芝麻，或者多加某种芝麻，使饼干颜色发白或发黑。比例不限，按照自己的喜好即可。

招待朋友来家里喝茶时，如果有时间，我会准备很多种点心。甜味的点心很容易吃腻，所以我会再做一些像芝麻咸饼干这种的咸味或辣味点心。假如是午餐加下午茶的聚会，我会做洛林派或三明治等主食。如果只是单纯的下午茶，我就会准备几种甜点和一种咸味点心。

山田制油的黑芝麻和白芝麻是我家饭桌上不可或缺的调味品之一。经过煸炒，这些芝麻都会散发出很香的味道。图中所示是70g包装的芝麻，如果想趁着煸炒的香味还在就及时用完，可以买每包5g的小包装。

全麦粗粒饼干

材料（直径3cm的饼干约45个份）

全麦粉	100g
低筋面粉	20g
黄油（无盐型）	40g
红糖（如果没有可以换成砂糖）	25g
牛奶	2大勺
盐	1/4小勺
干面粉（最好用高筋面粉）	适量

准备工作

+ 将黄油切成边长1.5cm的方块，放入冰箱冷藏。
+ 将烤箱用垫纸铺到烤盘中。

◎ 制作方法

1 将全麦面粉、低筋面粉、红糖和盐倒入食物料理机中，转3秒左右，起到与过筛相同的作用。

2 加入黄油，反复开关食物料理机，当黄油和粉类充分混合后，加入牛奶。继续反复开关食物料理机，等里面的食材变成湿润柔软的状态即可。

3 用橡胶铲将食物料理机里的食材聚成一团，取出后放到撒了干面粉的台面上，用手慢慢揉捏。分成2等份，然后分别揉成直径2.5~3cm的棒状（如果面团软得不好造型，可以放入冰箱醒一段时间）。用保鲜膜包住，再放入冰箱醒2小时以上（如果可以，尽量醒一晚上）。

4 将烤箱预热到180℃。将面团切成厚7~8mm的片状，放在烤盘中，中间要留有间隔。在180℃的烤箱中烤15分钟左右。

✋ 用手制作的方法

1 将恢复到室温后变软的黄油放入碗中，用打蛋器搅拌成奶油状，加入红糖和盐，用打蛋器搅拌成略微发白、蓬松的状态。

2 将筛过的全麦面粉和低筋面粉一起加入碗中，用橡胶铲快速搅拌，再加入牛奶，充分搅拌，直到看不见干面粉为止。

3 将食材揉成一团，放入冰箱中。之后与上面的步骤4相同。

下面就开始制作吧！

首先是准备工作

将一个小碗放在电子秤上，按顺序加入全麦面粉、低筋面粉和红糖。盐也在这一步加入。

◎ 制作面团

将粉类和红糖倒入食物料理机中转一下，起到与过筛相同的作用。粉类容易飞出去，可以在外面包上一层毛巾。

加入切成边长1.5cm方块且冷藏过的黄油，反复开关食物料理机，搅拌成图中所示的状态即可。

加入牛奶。

继续反复开关食物料理机。很快就能搅拌好，要一直在旁边观察。

搅拌成图中所示的湿润柔软状态就算完成了。

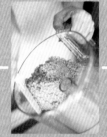

用橡胶铲将食物料理机里的食材聚成一团，取出后放到台面上。

◎ 造型

如果使用不容易粘面的"烘焙硅胶垫"（参照P56），不用撒干面粉也没关系。用手轻轻揉面，然后分成2等份。

先用一只手揉开，再用两只手揉成直径2.5~3cm的棒状。如果面团较得不好造型，可以放入冰箱醒一段时间。

◎ 醒面

用保鲜膜包住，两端像糖果一样拧起来，放入冰箱醒2小时以上。如果条件允许，醒一晚上是最理想的。

◎ 切开后烘烤

将烤箱预热到180℃。面团用刀切成厚7~8mm的片状。全麦面粉的比例比较大，面团里的颗粒较多，切的时候可能不好切。

用手调整造型，然后放在铺了烤箱用垫纸的烤盘中。稍微有点歪歪扭扭的造型反而显得可爱，调整时要注意。

放入180℃的烤箱中烤15分钟左右。

🖐 用手制作的方法

黄油恢复到室温。我是使用微波炉（200W）给黄油加热的，要一边观察一边加热。加热到可以用手轻松按压进去的程度。

加入黄油、红糖和盐之后，再加入粉类和牛奶。用食物料理机，马上就能搅拌均匀了（笑）。

混合坚果饼干

材料（直径4cm的饼干约24个份）

低筋面粉 …………………………………	75g
黄油（无盐型） ……………………………	50g
枫糖（如果没有可以换成砂糖）…………	30g
盐…………………………………………	1小撮
核桃 ………………………………………	20g
杏仁片 ……………………………………	20g
开心果 ……………………………………	10g

准备工作

+ 将坚果放入预热到160℃的烤箱中烤6~8分钟，放在一旁冷却。

+ 将黄油切成边长1.5cm的方块，放入冰箱冷藏。

+ 将烤箱用垫纸铺到烤盘中。

◎ 制作方法

1 将低筋面粉、枫糖和盐倒入食物料理机中，转3秒左右，起到与过筛相同的作用。

2 加入黄油，反复开关食物料理机，当黄油和粉类充分混合后，加入坚果。继续反复开关食物料理机，等里面的食材变成一个整体时，将其取出。

3 将面团表面揉光滑，放入塑料袋中或用保鲜膜包住，在冰箱中醒30分钟以上。

4 将烤箱预热到170℃。用刀子将面团切成24等份，用手揉圆，轻轻压扁，放在烤盘中，中间要留有间隔。在170℃的烤箱中烤15分钟左右。

✋ 用手制作的方法

1 将恢复到室温后变软的黄油放入碗中，用打蛋器搅拌成奶油状，加入枫糖和盐，用打蛋器搅拌成略微发白、蓬松的状态。

2 将筛过的低筋面粉和切碎的坚果一起加入碗中，用橡胶铲快速搅拌，直到看不见干面粉为止。

3 将食材揉成一团，放入冰箱中。之后与上面的步骤4相同。

下面就开始制作吧！

首先是准备工作

将坚果放入耐高温容器中，放进预热到160℃的烤箱中烤6~8分钟，烤出香味。从烤箱中取出，放在一旁冷却。

🌀 制作面团

称量好低筋面粉、枫糖和盐，倒入食物料理机中，转3秒左右，起到与过筛相同的作用。

我平时习惯将黄油切成边长1.5cm的方块后冷藏，所以在这一步可以直接称量，如果有时间就先准备好黄油，这一步就要先切开，然后放入冰箱冷藏。

将冷藏过的黄油放入食物料理机中。

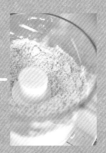

继续反复开关食物料理机，搅拌到黄油与粉类完全混合为止。

加入烘烤过的坚果，继续反复开关食物料理机。等里面的食材变成一个整体即可。

🌀 醒面

将面团倒入塑料袋中。

隔着塑料袋用手将面团按扁。因为醒完之后还要切开，按成长方形会更方便。放入冰箱醒30分钟以上（不用醒一个晚上）。

🌀 造型

将烤箱预热到170℃。

面团已经变成硬邦邦的状态，用刮板或刀子切开。

切成24等份。

将每份小面团用手揉成圆形，然后轻轻压扁。

放入铺了烤箱用垫纸的烤盘中，用手指调整形状。继续此操作，将面团都放在烤盘里，中间要留有间隔。

🌀 烘烤

放入预热到170℃的烤箱中烤15分钟左右。如果一个烤盘放不下，可以放在另一个烤盘中继续烘烤。

烤好后，直接放在烤盘中冷却。如果比较赶时间，可以将饼干放在冷却架上，在阴凉处冷却。

烘焙道具

烘焙用的工具与料理的工具有所不同。要提前备齐必要的工具，操作起来才会更方便。有了趁手、便利的工具，不但能省去很多麻烦，做出的甜点也会更美味。

+烘焙必备工具

食物料理机

饼干、挞、派和司康等质地较硬的面团，只需反复开关食物料理机就能做好。除此之外，食物料理机还能用来磨杏仁粉和核桃粉等坚果粉，也能用来做奶酪蛋糕等不需要打发的面糊。顺便一提，我使用的是Cuisinart公司的1.9L容量的食物料理机。

电动打蛋器

用普通的打蛋器做蛋白糖霜或打发鸡蛋，是一件很辛苦的事。有了电动打蛋器，这些操作就很简单了，制作戚风蛋糕、蛋糕卷和软软的黄油蛋糕时，也会很轻松。搅拌到差不多的程度时，可以降低速度或直接用手搅拌，这样才能搅拌得更细腻柔滑。

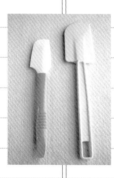

橡胶铲

橡胶铲是混合食材时的必备工具。铲子部分的材料是耐高温的硅胶，购买时要选用软硬合适、具有一定弹性的。最好再购入一个小一点的橡胶铲，这样就可以搅拌小碗中的食材了。

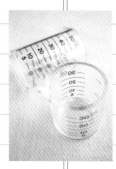

称量工具

称量时最常用的工具是电子秤。另外，大勺和小勺等量取小分量食材的工具也是必须的。不过，称量少量液体时，比起勺子，图中这种小量杯用起来更方便。提前称量好食材，之后的操作也会更加顺畅。这些工具可以在超市购买。

+其他便利的工具

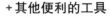

刮板

制作司康和派的面团，将面粉和黄油用切东西的手法混合或将面团放入模具后抹平表面时，这些步骤都要用到刮板。除此之外，使用刮板的场合还有很多，比如混合食材时、移动面团时、将面团从碗或台面刮下来时……制作甜点时，如果提前准备好一个刮板，会方便很多。

冷却架

冷却架是让烤好的甜点快速冷却的工具。有很多种规格，我推荐网眼较细的类型，这样即使放很小的饼干，也不会漏下去。当然，也可以用烤箱里的烤架（网状）代替。

烤箱用垫纸（烘焙用纸）

烤箱用垫纸可以直接放在烤盘中使用，也可以切开后放入模具里使用。薄薄的略带透明感的类型，用来当包装纸也很可爱。图片中铺在下面的"SILPAT"是用硅胶和特殊纤维制成的耐用硅胶垫。如果经常烤饼干和面包，比起用一次就扔的垫纸，这种硅胶垫更方便、节省。

小型单柄锅

制作焦糖和酱汁或煮少量水果时，会用到这款小型单柄锅。我常用的是直径14cm的单柄锅。珐琅材质的厚底锅，传热较慢，煮东西不易煳锅，做焦糖比较容易成功。经过树脂加工的单柄锅，操作之后清理起来会比较轻松。

基础黄油蛋糕

大多数黄油蛋糕会随着时间慢慢熟成，味道和口感也都会得到升华，所以黄油蛋糕可以在几天内慢慢享用。另外，黄油蛋糕不用装饰，只需改变模具和造型就会给人大不相同的感觉，真是太有趣了。无论是做成大大的蛋糕后愉快地切成小块，还是做成一口的大小，亦或是用咕咕霍夫模具、心形或花形模具做成特殊造型，我都非常喜欢。

原味磅蛋糕

这是最基础又最简单的黄油蛋糕。但是，虽然简单却来头不小，我本来想吃原味的黄油蛋糕，就以磅蛋糕和四合蛋糕（面粉、砂糖、黄油、鸡蛋各1/4的量）的配比（黄金配比）为基础，慢慢调整，最后研究出了这个方法。

越是这种简单的甜点，就越需要好的食材。我一般都会挑选优质细腻的低筋面粉、刚开包装的发酵黄油、黄白分明的新鲜鸡蛋等较好的食材。

在这款原味磅蛋糕的基础上加入果干、果皮等，或使用朗姆酒等洋酒调味，就能做出各种各样的美味蛋糕了。

材料（18cm×8cm×6cm的磅蛋糕模具1个份）

低筋面粉·································· 100g
泡打粉·································· 1/3小勺
黄油（无盐型。尽量选发酵型黄油）·········· 100g
砂糖···································· 95g
蛋黄·································· 2个份
蛋白·································· 2个份
牛奶·································· 1大勺
蜂蜜·································· 1大勺
朗姆酒·································· 1大勺

准备工作

+ 黄油恢复到室温。
+ 在模具中铺上烤箱用垫纸，或涂上黄油、撒上面粉
（都是分量外）。
+ 低筋面粉和泡打粉一起过筛。
+ 将烤箱预热到170℃。

◎ 制作方法

1 将恢复到室温后变软的黄油放入碗中，用打蛋器搅拌成奶油状，加入一半的砂糖，用打蛋器搅拌成发白、蓬松的状态。

2 分两次加入蛋黄，充分搅拌，然后按顺序加入牛奶、蜂蜜和朗姆酒，每次加入都要充分搅拌。

3 将蛋白倒入另一个碗中，分批少量地加入剩余砂糖，边加入边打发，制作成细腻、有光泽的蛋白糖霜。

4 在步骤**2**的碗中加入1勺步骤**3**的蛋白糖霜，用打蛋器搅拌均匀。换成橡胶铲，按照一半粉类→一半蛋白糖霜→剩余粉类→剩余蛋白糖霜的顺序将食材加入碗中，边观察边搅拌，搅拌成细腻、有光泽的状态。

5 将面糊倒入模具中，抹平表面，放入预热到170℃的烤箱中烤40分钟左右。用竹扦刺蛋糕中央，如果拿出后竹扦上不粘面，就说明烤好了。从模具中取出，放在一旁冷却。

发酵黄油是在原材料的奶油中放入乳酸菌，使其发酵后制成的黄油。这种黄油带有浓郁的香味和少许酸味，直接食用可能接受不了，但用来制作烘焙点心就不一样了，能很好地增加香味，这种区别是非常明显的。发酵黄油能够使甜点的味道更上一层楼。没用完的黄油可以切成小块后冷冻保存。购入时，可以去专门的烘焙材料店。

水果蛋糕

　　说起水果蛋糕，大家想到的应该都是加入了大量果干，散发着朗姆酒或白兰地香味，略带褐色的黄油蛋糕。不过，我做的水果蛋糕是以原味磅蛋糕为基础，味道比较质朴，是能让人放松身心的甜点。

　　水果蛋糕中的水果用的是混合水果泥。9种水果混合到一起制成的水果泥，味道甜而不腻，使用起来非常方便。质感比较像果露，所以烤出的蛋糕也很湿润。

材料（18cm×8cm×6cm的磅蛋糕模具1个份）

低筋面粉·······························	100g
泡打粉·································	1/3小勺
黄油（无盐型。尽量选发酵型黄油）··········	100g
砂糖·································	95g
蛋黄·································	2个份
蛋白·································	2个份
牛奶·································	1大勺
朗姆酒······························	1大勺
柠檬汁······························	1大勺
水果泥······························	100g

准备工作

+ 黄油恢复到室温。
+ 在模具中铺上烤箱用垫纸，或涂上黄油、撒上面粉（都是分量外）。
+ 低筋面粉和泡打粉一起过筛。
+ 将烤箱预热到170℃。

◎ 制作方法

1 将恢复到室温后变软的黄油放入碗中，用打蛋器搅拌成奶油状，加入一半的砂糖，用打蛋器搅拌成发白、蓬松的状态。

2 分两次加入蛋黄，充分搅拌，然后按顺序加入牛奶、朗姆酒和柠檬汁，每次加入都要充分搅拌。加入水果泥，搅拌均匀。

3 将蛋白倒入另一个碗中，分批少量地加入剩余砂糖，边加入边打发，制作成细腻、有光泽的蛋白糖霜。

4 在步骤**2**的碗中加入1勺步骤**3**的蛋白糖霜，用打蛋器搅拌均匀。换成橡胶铲，按照一半粉类→一半蛋白糖霜→剩余粉类→剩余蛋白糖霜的顺序将食材加入碗中，边观察边搅拌，搅拌成细腻、有光泽的状态。

5 将面糊倒入模具中，抹平表面，放入预热到170℃的烤箱中烤40分钟左右。用竹扦刺蛋糕中央，如果拿出后竹扦上不粘面，就说明烤好了。从模具中取出，放在一旁冷却。

这次我是用磅蛋糕模具烤的，当然也可以换成其他的小型模具。如果打算当礼物送给别人，烤成小蛋糕更方便随身携带，也不会显得过于隆重。还有，不用切开这一点也是加分项哦！

我常用的水果泥是用白桃、葡萄、苹果、橙子、樱桃、梨、杏和菠萝制成的。这款水果泥带有一定的汁水，而且质地较软。不过，水果泥也不是越软越好，这只是我个人的喜好而已（笑）。

下方图片中的蛋糕是用咕咕霍夫模具烤出来的。明明是同样的面糊，只是改变一下造型，味道似乎也跟着产生了变化。

奶油焦糖蛋糕

　　我特别喜欢焦糖的味道，于是就做出了这款焦糖味的黄油蛋糕。焦糖酱要煮得煳一些，煮出苦味，才能突出这款蛋糕的美味。我的焦糖酱就煮成了酱油色，因为觉得浅色的焦糖酱根本不够味！希望大家都能做出甜中带苦，像恋爱一般味道的焦糖蛋糕（笑）。

材料（18cm×8cm×6cm的磅蛋糕模具1个份）

低筋面粉·····························110g

泡打粉·····························1/2小勺

黄油（无盐型）·····················100g

砂糖·····························110g

鸡蛋·····························2个

奶油焦糖酱

┌ 砂糖·····························60g

└ 鲜奶油·····························60mL

准备工作

+ 黄油和鸡蛋恢复到室温。

+ 在模具中铺上烤箱用垫纸，或涂上黄油、撒上面粉
（都是分量外）。

+ 低筋面粉和泡打粉一起过筛。

◎ 制作方法

1 制作奶油焦糖酱。将砂糖倒入小锅中，开中火加
热，等砂糖变成自己想要的颜色时，关火。加入用微
波炉或其他小锅热好的鲜奶油，用木铲或耐高温橡胶
铲搅拌（倒鲜奶油时，注意不要溢锅）。不时搅拌，
待锅中液体完全冷却为止。

2 烤箱预热到170℃。将恢复到室温后变软的黄油放入
碗中，用打蛋器搅拌成奶油状，加入一半的砂糖，用
打蛋器搅拌成发白、蓬松的状态。

3 加入步骤1中的奶油焦糖酱，搅拌均匀后，分批少量
地加入打散的蛋液，充分搅拌。

4 筛入粉类，用橡胶铲边观察边搅拌，搅拌成细腻、
有光泽的状态。

5 将面糊倒入模具中，抹平表面，放入预热到170℃的
烤箱中烤40分钟左右。用竹扦刺蛋糕中央，如果拿出
后竹扦上不粘面，就说明烤好了。从模具中取出，放
在一旁冷却。

将砂糖倒入小锅中，开中火加热，静待砂糖化开
（千万不要摇晃锅）。边观察边加热，片刻后边缘
处的砂糖就会开始化开，锅中会散发出浓郁的香
气，砂糖也会慢慢变色。当砂糖变成褐色时，轻轻
晃动小锅，使锅中的焦糖酱变成均一的状态。接下
来还要继续煮，要煮成深褐色或深酱油色。这时加
入鲜奶油，略带苦味的奶油焦糖酱就做好了。

用直径10cm的咕咕霍夫模具正好能烤出4个。咕咕
霍夫模具上带有花纹，涂黄油时要注意涂均匀。

烤咖啡核桃蛋糕时，我经常用这种小模具。如果用直径7cm的圆形模具，做法中食材的分量正好够做8个。模具也可以换成玛芬模具或布丁模具。

咖啡核桃蛋糕

在咖啡味的面糊中加入核桃，就做成了这款咖啡核桃蛋糕。当然，用磅蛋糕模具烤也可以，不过我比较喜欢用小模具，大小像玛芬一样，吃起来也比较方便。本来黄油蛋糕是越放越好吃的，但这款咖啡核桃蛋糕是刚烤出来，趁热吃最美味。蛋糕外层口感酥脆，对半切开后，露出软软的内芯，同时散发出浓郁的咖啡香味。

为了让大家都体会到甜点刚烤出时的美味，我曾经办过"华夫饼聚会"和"司康聚会"。但好像还没办过品尝刚烤好的玛芬和黄油蛋糕的聚会呢。哪天也开一场"品尝刚烤好的咖啡蛋糕的聚会"吧！

材料（18cm×8cm×6cm的磅蛋糕模具1个份）

低筋面粉······················· 110g
泡打粉························· 1/2小勺
黄油（无盐型）················· 110g
砂糖··························· 110g
鸡蛋···························· 2个
速溶咖啡······················· 2大勺
咖啡利口酒····················· 1大勺
核桃···························· 50g

准备工作

+ 黄油和鸡蛋恢复到室温。
+ 在模具中铺上烤箱用垫纸，或涂上黄油、撒上面粉
（都是分量外）。
+ 低筋面粉和泡打粉一起过筛。
+ 将烤箱预热到170℃。

🌀 制作方法

1 用咖啡利口酒溶解速溶咖啡。将核桃切成想要的大
小。

2 将恢复到室温后变软的黄油放入碗中，用打蛋器搅
拌成奶油状，加入砂糖，用打蛋器搅拌成发白、蓬松
的状态。

3 分批少量地加入打散的蛋液，充分搅拌，加入步骤1
中的咖啡液，搅拌均匀。

4 筛入粉类，用橡胶铲边观察边搅拌，搅拌成细腻、
有光泽的状态。加入核桃，搅拌均匀。

5 将面糊倒入模具中，抹平表面，放入预热到170℃的
烤箱中烤40分钟左右。用竹扦刺蛋糕中央，如果拿出
后竹扦上不粘面，就说明烤好了。从模具中取出，放
在一旁冷却。

带有咖啡香的咖啡利口酒"KAHLUA"是制作咖
啡味甜点必不可少的材料，微苦的味道与巧克力
也很搭，所以有时做巧克力甜点也会加入。

这是用普通的磅蛋糕模具烤出的咖啡核桃蛋糕。用刀子
切开后，咖啡的香味扑面而来，咬一口还能尝到大块的
核桃仁。再多加点核桃也没关系哦。

这是我用红茶的空罐烤出的红茶蛋糕。做法中食材的分量正好够烤6个4.5cm×4.5cm×6cm的蛋糕。用完的红茶罐洗净后晾干，内侧可以涂上黄油、撒上面粉或铺上烤箱用垫纸，然后倒入面糊。

红茶蛋糕

很久之前，有段时间我特别热衷于红茶。买齐了各个品牌的茶叶，按照当天的心情泡不同的红茶，有时还会混到一起泡。这样每天变换口味当然也不错，但现在渐渐了解了自己的喜好，就只泡自己爱喝的红茶了。

最近经常喝的是锡兰红茶。感觉与绿茶差不多，味道清爽顺滑，还带有一丝温暖的感觉。我家常备的锡兰红茶是立顿的绿罐"EXTRA QUALITY CEYLON"，这款红茶的香气、味道和色泽都非常好。另外还有一款Taylors of Harrogate（伯爵）的"YORKSHIRE GOLD"，虽然不是锡兰红茶，但也是我常喝的红茶之一。这款茶既适合直接饮用，也适合做成奶茶，这一点非常难得。一种红茶，却能泡出两种味道。

制作这款红茶蛋糕时，我加入了少量杏仁粉，但不会破坏红茶的味道，给人的感觉很像加了坚果的红茶。这款红茶蛋糕既可以搭配乌瓦、金佰莱等清新爽口的红茶，也可以搭配阿萨姆等口感醇厚的红茶。配上肉桂奶茶，味道也不错哦。

材料（18cm×8cm×6cm的磅蛋糕模具1个份）

低筋面粉	90g
泡打粉	1/2小勺
杏仁粉	30g
黄油（无盐型）	100g
砂糖	90g
鸡蛋	2个
牛奶	1大勺
红茶茶叶	4g（或茶包2袋）

准备工作

+ 黄油和鸡蛋恢复到室温。
+ 在模具中铺上烤箱用垫纸，或涂上黄油、撒上面粉（都是分量外）。
+ 低筋面粉和泡打粉一起过筛。
+ 将烤箱预热到170℃。

🌀 制作方法

1 将恢复到室温后变软的黄油放入碗中，用打蛋器搅拌成奶油状，加入砂糖，用打蛋器搅拌成发白、蓬松的状态。

2 分批少量地加入打散的蛋液，充分搅拌，按顺序加入杏仁粉、牛奶和红茶茶叶，每次加入都要充分搅拌。

3 筛入粉类，用橡胶铲边观察边搅拌，搅拌成细腻、有光泽的状态。

4 将面糊倒入模具中，抹平表面，放入预热到170℃的烤箱中烤40分钟左右。用竹扦刺蛋糕中央，如果拿出后竹扦上不粘面，就说明烤好了。从模具中取出，放在一旁冷却。

这是我很喜欢的红茶书，口袋大小，便于携带。书中写了很多有关红茶的知识，笔触质朴温暖的插画也很不错。正文是用英文写的，但卷末有解说，读起来也没什么障碍（日本讲谈社出版）。

图中所示的是我最近常喝的立顿绿罐"EXTRA QUALITY CEYLON"红茶和Taylors of Harrogate（伯爵）的"YORKSHIRE GOLD"红茶。

橙子红茶蛋糕

　　这是一款融合了橙子和红茶香味的黄油蛋糕。将蛋白打发后做成蛋白糖霜，烤出的蛋糕口感柔软轻盈。使用的红茶是与橙子很搭的柑橘系格雷伯爵茶。为了突出红茶的味道，我适量减少了橙子皮的分量，大家可以按照自己的喜好增加一些。

　　虽然都叫格雷伯爵茶，但不同的品牌，味道也有很大的差别。有些口感发甜，有些则带着浓郁的香料味。除此之外，茶叶中柑橘味的浓度也有所不同，边喝边对比，边烤边对比，是一件很有意思的事。

材料（18cm×8cm×6cm的磅蛋糕模具1个份）

低筋面粉·· 110g

泡打粉··· 1/2小勺

黄油（无盐型）·· 100g

砂糖·· 100g

蛋黄··· 2个份

蛋白··· 2个份

鲜奶油·· 50mL

橙子利口酒（Grand Marnier柑曼怡）··········· 1大勺

红茶茶叶····························· 4g（或茶包2袋）

橙子皮（切碎）····································· 60g

准备工作

+ 黄油恢复到室温。

+ 在模具中铺上烤箱用垫纸，或涂上黄油、撒上面粉
（都是分量外）。

+ 低筋面粉和泡打粉一起过筛。

+ 将红茶茶叶切碎（如果是茶包，可以直接使用）。

+ 将烤箱预热到170℃。

◎ 制作方法

1 将恢复到室温后变软的黄油放入碗中，用打蛋器搅
拌成奶油状，加入一半的砂糖，用打蛋器搅拌成发
白、蓬松的状态。

2 分两次加入蛋黄，充分搅拌，然后按顺序加入鲜奶
油、橙子利口酒、红茶茶叶和橙子皮，每次加入都要
充分搅拌。

3 将蛋白倒入另一个碗中，分批少量地加入剩余砂糖，
边加入边打发，制作成细腻、有光泽的蛋白糖霜。

4 在步骤**2**的碗中加入1勺步骤**3**的蛋白糖霜，用打蛋
器搅拌均匀。换成橡胶铲，按照一半粉类→一半蛋白
糖霜→剩余粉类→剩余蛋白糖霜的顺序将食材加入碗
中，边观察边搅拌，搅拌成细腻、有光泽的状态。

5 将面糊倒入模具中，抹平表面，放入预热到170℃的
烤箱中烤40分钟左右。用竹扦刺蛋糕中央，如果拿出
后竹扦上不粘面，就说明烤好了。从模具中取出，放
在一旁冷却。

我尝试用心形模具烤出了可爱的蛋糕。
用6cm左右的模具大概能烤出6个。倒
面糊之前，要涂上黄油、撒上面粉，特
别是心形的尖部，一定要仔细涂抹。

红茶茶叶一般要切碎后使用，但如果用茶
包就可以直接使用了。也不需要称量，真是非常省事。
这次我用的是TWININGS（川宁）的格雷伯爵
茶。TWININGS的伯爵茶味道不是很浓，还带有
一些甜味，是一款很百搭的茶。价格也很实惠，
即使多用些也不会心疼。顺便一提，我常用的橙
子皮比较湿润且质地较软。

红茶西梅干黄油蛋糕

这是一款适合与闺蜜一起享用的黄油蛋糕，几个人一起看着喜欢的电影，度过一段悠闲美好的时光。这款蛋糕的做法是我在某个午后一边喝着"朗姆奶茶"一边吃西梅干时想到的（笑）。

朗姆奶茶的制作方法是，向装有朗姆酒和砂糖的杯子中倒入温热的红茶，然后注入打发的鲜奶油。这是我以前上红茶课时学会的奶茶，茶叶一般要选用与牛奶味道比较搭的阿萨姆、乌瓦或金佰莱，砂糖要选颗粒比较粗的。微甜的奶油配上朗姆酒，我很喜欢这种搭配。泡的时候加冰做成冰茶，味道也很不错。

将西梅晒干后做成的西梅干，含有很多营养成分。它富含维生素、矿物质和植物纤维，同时还有抗菌抗氧化的作用。以前我很喜欢把西梅干放到酸奶和红茶里，或者用来做料理。如今我发现了一种半干的西梅干，就拿起来直接吃了。这种对女性很好的健康食材，一定要好好利用呢。

材料（21cm×8cm×6cm的磅蛋糕模具1个份）

低筋面粉··································	100g
泡打粉··································	1/4小勺
黄油（无盐型）··································	100g
砂糖··································	80g
蛋黄··································	2个份
蛋白··································	2个份
牛奶··································	1大勺
蜂蜜··································	1大勺（20g）
盐··································	1小撮
红茶茶叶··································	4g（或茶包2袋）
西梅干（尽量选半干型的）··································	60g
朗姆酒··································	1大勺

准备工作

+ 黄油恢复到室温。
+ 将红茶茶叶切碎（如果是茶包，可以直接使用）。
+ 西梅干切碎，浇上朗姆酒。
+ 低筋面粉、泡打粉和盐一起过筛。
+ 在模具中铺上烤箱用垫纸，或涂上黄油、撒上面粉（都是分量外）。
+ 将烤箱预热到160℃。

◎ 制作方法

1 将恢复到室温后变软的黄油放入碗中，用普通打蛋器或电动打蛋器搅拌成奶油状，加入一半的砂糖，用打蛋器搅拌成发白、蓬松的状态。按顺序加入蛋黄（分两次加入）、蜂蜜、红茶茶叶和西梅干，每次加入都要充分搅拌。

2 将蛋白倒入另一个碗中，分批少量地加入剩余砂糖，边加入边打发，制作成细腻、有光泽的蛋白糖霜。

3 在步骤**1**的碗中加入1勺步骤**2**的蛋白糖霜，用打蛋器搅拌均匀。换成橡胶铲，按照一半粉类→一半蛋白糖霜→剩余粉类→剩余蛋白糖霜的顺序将食材加入碗中，边观察边从底部大力搅拌，搅拌成细腻、有光泽的状态。加入牛奶，将所有食材搅拌均匀。

4 将面糊倒入模具中，抹平表面，放入预热到160℃的烤箱中烤45分钟左右。用竹扦刺蛋糕中央，如果拿出后竹扦上不粘面，就说明烤好了。从模具中取出，放在一旁冷却。

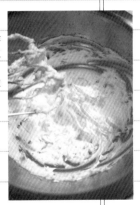

这是制作黄油蛋糕的基本操作之一。将黄油搅拌成手指能直接插进去的软度，加入砂糖，用电动打蛋器边使食材接触空气边搅拌，一直搅拌成发白、蓬松的状态为止。

我平时喝的红茶是茶叶型的。茶包是专门为了制作甜点而准备的，这样就能省去切碎茶叶的步骤了。图中所示的茶包是川宁的格雷伯爵茶。

我使用的是这款湿润柔软的半干型西梅干。如果买不到，也可以用普通的西梅干。最好选用无核的，这样吃起来和使用起来都比较方便。

枫糖蛋糕

在刚做好的热松饼上放几块切成方形的黄油，再浇上甜甜的枫糖浆。化开的黄油与枫糖浆融合到一起，味道简直是人间极品。我就是以此为灵感，研究出枫糖蛋糕这个方子的。我很中意枫糖的天然甜味，所以家里常备着枫糖和枫糖浆。

枫糖是从枫树上提取出来的。枫叶的外形非常可爱，如果用枫叶的蛋糕模具或饼干模具制作枫糖味的甜点，一定是件非常有趣的事。虽然选模具时要注重实用性和反复使用性，但有时保持童心也很重要呢。

材料（21cm×8cm×6cm的磅蛋糕模具1个份）

低筋面粉	90g
杏仁粉	20g
泡打粉	1/4小勺
黄油（无盐型）	90g
枫糖	50g
砂糖	25g
鸡蛋	2个
鲜奶油	2大勺
枫糖浆	1大勺
盐	1小撮

准备工作

+ 鸡蛋恢复到室温。
+ 低筋面粉、杏仁粉、泡打粉和盐一起过筛。
+ 在模具中铺上烤箱用垫纸，或涂上黄油、撒上面粉（都是分量外）。
+ 将烤箱预热到160℃。

◎ 制作方法

1 将黄油、鲜奶油和枫糖浆倒入耐高温容器内，用微波炉或隔水加热（放进装有60℃热水的盆里）的方法化开。

2 用电动打蛋器将鸡蛋打散，加入枫糖和砂糖，充分搅拌。放入热水中隔水加热，用电动打蛋器的高速挡打发，当碗中液体达到人的体温时，从热水中取出，继续搅拌成发白、黏稠的状态（用打蛋器捞起后慢慢落下，落下后形成一个尖角且能保持一段时间）。将电动打蛋器调成低速挡，慢慢搅拌均匀。

3 将步骤1中的黄油分2~3次加入碗中，用打蛋器从底部大力搅拌。筛入粉类，用橡胶铲从底部大力搅拌，将食材混合均匀。

4 将面糊倒入模具中，抹平表面，放入预热到160℃的烤箱中烤45分钟左右。用竹扦刺蛋糕中央，如果拿出后竹扦上不粘面，就说说烤好了。从模具中取出，放在一旁冷却。

最好选用颗粒较细的枫糖，用起来更方便。不同品牌的枫糖浆在色泽和味道上都有很大的区别。可以按照自己的喜好选择。

材料（21cm×8cm×6cm的磅蛋糕模具1个份）

低筋面粉·······························70g
可可粉·································20g
泡打粉·································1/3小勺
杏仁粉·································30g
黄油（无盐型）·························100g
砂糖···································50g
红糖（或砂糖）·························20g
鸡蛋···································2个
┐蜂蜜（如果有的话，尽量用水饴）···1大勺（20g）
┘牛奶···································1大勺
盐·····································1小撮

准备工作

+黄油和鸡蛋恢复到室温。
+将蜂蜜与牛奶混合到一起，用微波炉加热，使其变成清爽的液体状态，静置在一旁。
+低筋面粉、可可粉、泡打粉和盐一起过筛。
+在模具中铺上烤箱用垫纸，或涂上黄油、撒上面粉（都是分量外）。
+将烤箱预热到160℃。

◎ **制作方法**

1 将恢复到室温后变软的黄油放入碗中，用普通打蛋器或电动打蛋器搅拌成奶油状，加入砂糖和红糖，用打蛋器搅拌成略微发白、蓬松的状态。

2 按顺序加入一半的蛋液（分批少量）和杏仁粉，每次加入都要充分搅拌，分批少量地加入剩余蛋液，搅拌成蓬松的状态。

3 筛入粉类，用橡胶铲从底部大力搅拌，搅拌成细腻、有光泽的状态。加入蜂蜜和牛奶，搅拌均匀。

4 将面糊倒入模具中，抹平表面，放入预热到160℃的烤箱中烤45分钟左右。用竹扦刺蛋糕中央，如果拿出后竹扦上不粘面，就说明烤好了。从模具中取出，放在一旁冷却。

可可黄油蛋糕

　　烘焙用的可可粉一般不带甜味，要用纯的可可粉。我最开始用的是VAN HOUTEN牌的可可粉，后来又用了很长时间的Valrhona，无论是烘焙还是制作可可饮料，都是用这个牌子。但某一天，我那见异思迁的坏习惯又发作了（笑），就试了一下PECQ牌的可可粉，没想到用它烤出了更加美味的蛋糕。

　　用它做的面糊带着浓郁的可可味，但整体味道又很柔和。当然，用这个牌子的可可粉泡出的热可可也非常美味。在这种可可味比较浓的蛋糕中，可以加入巧克力片、切碎的巧克力或者朗姆葡萄干。

France PECQ公司的可可粉。颜色较深，味道也比较浓。

香草软蛋糕

　　这款蛋糕质地湿润柔软，像空中飘浮的云彩一样，吃起来非常顺口。制作时没有使用特殊材料，只要想做，马上就能用厨房现有的材料做出来，这就是我做这款蛋糕的初衷。先从油类开始，我尝试了几种植物油，分别是葵花籽油、花生油、太白胡麻油和杏仁油这四种。每种做出的蛋糕味道都不错，但总觉得还是缺点什么，于是果断换回黄油！香草豆的材料不是很常见，使用它是因为味道比较浓郁，可以赶在有客人来的时候用，平时用香草油代替就可以了。

　　考虑到方便烘烤、取出、切开这几个因素，我选用了磅蛋糕模具。烤好后切成厚厚的片状，抹上打发的鲜奶油和果酱，味道非常棒。做好的面糊可以在常温放置，也可以放入冰箱冷藏一下，这两种做法做出的蛋糕都很美味。还可以放在布丁杯等小容器里，烤好后浇上鲜奶油和果酱，用勺子舀着吃。

材料（21cm×8cm×6cm的磅蛋糕模具1个份）

低筋面粉··	60g
玉米淀粉··	20g
泡打粉··	1/3小勺
黄油（无盐型）···	40g
糖粉··	60g
蛋黄··	2个份
蛋白··	1个份
牛奶··	50mL
柠檬汁··	1小勺
香草豆荚（或香草油）································	1/2根
盐···	1小撮

准备工作

+ 低筋面粉、玉米淀粉、泡打粉和盐一起过筛。

+ 在模具中铺上烤箱用垫纸。

+ 将烤箱预热到160℃。

🌀 制作方法

1 将黄油放入耐高温容器内，用微波炉或隔水加热（放进装有60℃热水的盆里）的方法化开。先暂时放在热水里保温。

2 用电动打蛋器将鸡蛋打散，加入一半的糖粉，充分搅拌。按顺序加入牛奶、柠檬汁和香草豆（将香草荚纵向剖开，取出里面的香草豆），每次加入都要充分搅拌。

3 将蛋白倒入另一个碗中，分批少量地加入剩余糖粉，边加入边打发，制作成细腻、有光泽的蛋白糖霜。

4 将粉类筛入步骤**2**中，用橡胶铲从底部大力搅拌，混合均匀。加入1/3的蛋白糖霜，从底部大力搅拌，搅拌均匀后将碗中面糊倒回蛋白糖霜的碗里，从底部大力搅拌，混合均匀。搅拌到看不见白色的蛋白糖霜时，加入步骤**1**中的黄油，倒的时候要用橡胶铲接住，然后慢慢撒在面糊表面，最后搅拌均匀。

5 将面糊倒入模具中，轻轻摇动，使表面变平，放在烤盘上，再向烤盘里注入5mm高的热水。一起放入预热到160℃的烤箱中，用隔水烘烤（热水在中途都蒸发了也不用再加）的方法烤40分钟左右。用竹扦刺蛋糕中央，如果拿出后竹扦上不粘面，就说明烤好了。从模具中取出，放在一旁冷却。

香草豆能给甜点增加一种香甜、迷人的味道。使用时要将香草豆荚纵向剖开，取出中间的香草籽。

黄油卡斯提拉风海绵蛋糕

蓬松湿润的质地，黄蔗糖质朴的甜味，再加上蜂蜜的香味。制作这款蛋糕时，最好选用味道纯粹、柔和的紫云英蜂蜜或洋槐蜂蜜。如果想用味道比较特殊的蜂蜜，可以将黄蔗糖换成味道清爽的砂糖。

京都有很多家专门销售蜂蜜的店铺。蜂蜜的颜色都属于同一个色系，只有浓淡不同，装在瓶子里排列起来，颜色非常好看。在逛店铺时，经常会有惊喜的发现，内心不免惊叹"原来还有这种蜂蜜啊"。现场品尝各种蜂蜜也是一件很好玩的事，而且店里还有与蜂蜜、蜜蜂相关的可爱器具。虽然不经常去，但每次去都有一种很幸福的感觉。

因为想一次少做点，所以就用了圆形模具。想多做的时候，可以将食材换成2倍的分量，用直径15~16cm的圆形模具或磅蛋糕模具烘烤。不过，这种手掌大小的圆形模具实在是很好用。花式蛋糕、奶酪蛋糕、巧克力蛋糕等平时常见的大蛋糕可以故意烤成小一些的尺寸，看起来似乎更可爱呢（笑）。

材料（直径10~12cm的圆形蛋糕1个份）

低筋面粉·······························40g
黄油（无盐型）···················30g
黄蔗糖（或砂糖）···············30g
鸡蛋·····································1个
蜂蜜·····························1/2大勺
牛奶·····························1/2大勺

准备工作

+ 鸡蛋恢复到室温。
+ 低筋面粉过筛。
+ 在模具中铺上烤箱用垫纸，或涂上黄油、撒上面粉（都是分量外）。
+ 将烤箱预热到160℃。

◎ 制作方法

1 将黄油、蜂蜜和牛奶放入小碗里，然后放进装有60℃热水的盆中（隔水加热），待其化开。也可以用微波炉化开。先暂时放在热水里保温。

2 将鸡蛋打散到另一个碗中，加入黄蔗糖，用电动打蛋器打发至发白、黏稠的状态。筛入低筋面粉，用橡胶铲从底部大力搅拌，混合均匀。

3 加入步骤1中的黄油，倒的时候要用橡胶铲接住，然后慢慢撒在面糊表面，从底部大力搅拌，混合均匀。

4 将面糊倒入模具中，抹平表面，放入预热到160℃的烤箱中烤20~25分钟。用竹扦刺蛋糕中央，如果拿出后竹扦上不粘面，就说明烤好了。从模具中取出，放在一旁冷却。

图中所示是Nectaflor（营特芳）的蜂蜜，不但味道好，瓶装的方式让使用也很方便。打开盖子，轻轻一捏，蜂蜜就出来了。还可以直接浇在甜点上。

带有质朴甜味的黄色蔗糖。制作这款蛋糕时，可以将黄蔗糖换成红糖或黑砂糖。

使用起来非常方便的圆形模具，直径为10~12cm。像花式蛋糕、奶酪蛋糕、巧克力蛋糕这种大蛋糕，做成稍小的尺寸反而显得可爱，当作礼物送给别人时，也不会显得过于隆重。

简易黄油蛋糕

用杏仁粉和鲜奶油做成面糊，加入香草豆提味，然后烘烤即可，是一款非常简单的黄油蛋糕。算是原味蛋糕的一种，食用方法不限，可以根据自己的喜好选择。很适合与其他甜点搭配，可以当小礼物送给别人。

这款蛋糕的面糊非常基础，可以做出很多变化。比如改变糖的种类、在面糊中加入水果和红茶、在一部分面糊中加入特殊食材做成大理石蛋糕等。我个人很喜欢这种百搭的基础做法，希望以后能多研究出几种。

材料（21cm×8cm×6cm的磅蛋糕模具1个份）

低筋面粉……………………………………90g
杏仁粉………………………………………10g
泡打粉………………………………………1/4小勺
黄油（无盐型）……………………………100g
砂糖…………………………………………90g
蛋黄…………………………………………2个份
蛋白…………………………………………2个份
鲜奶油………………………………………2大勺
朗姆酒………………………………………1大勺
蜂蜜…………………………………………1小勺
香草豆（或少量香草油）…………………1/4根
盐……………………………………………1小撮

准备工作

＋ 黄油恢复到室温。
＋ 低筋面粉、杏仁粉、泡打粉和盐一起过筛。
＋ 在模具中铺上烤箱用垫纸，或涂上黄油、撒上面粉（都是分量外）。
＋ 将烤箱预热到160℃。

◎ 制作方法

1 将恢复到室温后变软的黄油放入碗中，用打蛋器搅拌成奶油状，加入一半的砂糖和蜂蜜，搅拌成蓬松的状态。按顺序加入蛋黄（分两次加入）、鲜奶油、朗姆酒和香草豆（将香草荚纵向剖开，取出里面的香草豆），每次加入都要充分搅拌。

2 将蛋白倒入另一个碗中，分批少量地加入剩余砂糖，边加入边用电动打蛋器打发，制作成细腻、有光泽的蛋白糖霜。取出1勺，加到步骤1的碗中，用打蛋器搅拌均匀。

3 按照一半粉类→一半蛋白糖霜→剩余粉类→剩余蛋白糖霜的顺序将食材加入碗中，边观察边用橡胶铲搅拌，搅拌成细腻、有光泽的状态。

4 将面糊倒入模具中，抹平表面，放入预热到160℃的烤箱中烤45分钟左右。用竹扦刺蛋糕中央，如果拿出后竹扦上不粘面，就说明烤好了。从模具中取出，放在一旁冷却。

将香草荚纵向剖开，用刀背等工具将里面的香草豆取出。香草荚本身也带有浓郁的香味，用完后可以放进糖罐里，制作香草糖。

材料（21cm×8cm×6cm的磅蛋糕模具1个份）

低筋面粉	100g
黄油（无盐型）	100g
砂糖	90g
蛋黄	1个份
蛋白	3个份
牛奶	1大勺
柠檬汁	1大勺
盐	1小撮
蓝莓酱	50g

准备工作

＋如果蓝莓酱里有颗粒，用叉子等工具碾碎。

＋低筋面粉和盐一起过筛。

＋在模具中铺上烤箱用垫纸，或涂上黄油、撒上面粉（都是分量外）。

＋将烤箱预热到160℃。

◎ 制作方法

1 将黄油和牛奶放入小碗里，然后放进装有60℃热水的盆中（隔水加热），待其化开。也可以用微波炉化开。先暂时放在热水里保温。

2 将蛋白倒入另一个碗中，分批少量地加入砂糖，边加入边用电动打蛋器打发，制作成细腻、有光泽的蛋白糖霜。加入蛋黄，搅拌均匀。

3 筛入粉类，用橡胶铲从底部大力搅拌，混合均匀。搅拌成蓬松、有光泽的状态时，加入步骤1中的黄油，倒的时候要用橡胶铲接住，然后慢慢撒在面糊表面，从底部大力搅拌，混合均匀。加入柠檬汁，搅拌均匀。

4 将1/3的面糊倒入另一个碗中，加入蓝莓酱，用橡胶铲搅拌均匀。

5 将步骤3和步骤4的面糊倒入模具中，用长筷子略微搅拌，抹平表面，放入预热到160℃的烤箱中烤45分钟左右。用竹扦刺蛋糕中央，如果拿出后竹扦上不粘面，就说明烤好了。从模具中取出，放在一旁冷却。

*面糊的分量会稍微多一些，如果磅蛋糕模具放不下，可以装入其他小模具中烘烤。

想做出大理石的纹路，其实没有什么特别的方法。既可以先将有色面糊倒入白色面糊中，稍微搅拌后倒入模具里。也可以直接分批倒入模具里。最后用长筷子搅拌的过程其实是可有可无的。

蓝莓酱大理石蛋糕

　　每次做蓝莓酱点心时，我都会这样想：如果能从庭院中摘下新鲜的蓝莓直接使用就好了。虽然我一直对园艺很感兴趣，但实际操作起来却不是很擅长。每年春天，我都干劲满满地到市场买下树苗，打算开始打理庭院，种上自己喜欢的植物。到了夏天，就会觉得"实在太热了，不想出门啊"。秋天，比起打理植物，我更关注渐渐膨胀的食欲。冬天一到，植物就会枯萎。如此恶性循环，我家的庭院到底什么时候才能有庭院的样子呢……

　　据说，蓝莓里含有的花青素对眼睛很有好处。制作甜点时，用到的蓝莓量比较少，应该起不到什么作用吧。不过，使用对眼睛好的材料制作甜点的想法，莫名让人觉得很开心呢。

4 月 8 日

奶酪核桃黄油蛋糕

将变软的奶油奶酪与烘烤过的核桃混合到一起，涂在贝果等甜点上食用，是我非常喜欢的一种吃法。如果能亲手做贝果当然很不错，但"烘烤前煮一下"的步骤我却不太擅长。所以，想吃贝果时，都是直接买或者让别人帮我烤。

我平时经常光顾的贝果店铺是位于京都乌丸北大路的"布朗尼"。从原味到甜味，再到咸味，店里陈列着各种各样的贝果，每次选的时候都很开心。有时，我会特意开车去买一堆回来，用保鲜膜包住，放在冰箱里冷冻保存。

除了这家的贝果之外，我还有一个特别喜欢的贝果，就是朋友M小姐烤的贝果。每次收到她寄过来的包裹，我都惊喜得想流泪。记得有一次，我遇到困境，非常烦恼，她给我寄了一整盒的贝果，还附上了一张写着"加油"的纸条。真想对M小姐的用心和帮我送来包裹的快递员道上一声感谢。那天温暖到心里的感动和美味的记忆一同在我的心中留存至今。

材料（8cm×5cm的椭圆形模具8个份）

低筋面粉·· 55g
泡打粉··· 1/4小勺
黄油（无盐型）··································· 40g
起酥油··· 15g
黄蔗糖（或砂糖）······························· 40g
鸡蛋·· 1个
枫糖浆··· 1大勺
盐·· 1小撮
奶油奶酪·· 40g
核桃·· 40g

准备工作

+ 黄油和鸡蛋恢复到室温。
+ 将奶油奶酪切成边长1cm的方块，放入冰箱冷藏。
+ 将核桃放入预热到160℃的烤箱中烤6~8分钟，略微冷却后切碎。
+ 低筋面粉、泡打粉和盐一起过筛。
+ 在模具中涂上黄油、撒上面粉（都是分量外）。
+ 将烤箱预热到170℃。

◎ 制作方法

1 将恢复到室温后变软的黄油和起酥油放入碗中，用打蛋器搅拌成奶油状，加入黄蔗糖，搅拌成发白、蓬松的状态。分批少量地加入打散的蛋液，慢慢搅拌均匀。

2 加入核桃，用橡胶铲充分搅拌，筛入粉类，边观察边搅拌，搅拌成细腻、有光泽的状态。按顺序加入枫糖浆和奶油奶酪，搅拌均匀。

3 将面糊倒入模具中，抹平表面，放入预热到170℃的烤箱中烤20~25分钟。用竹扦刺蛋糕中央，如果拿出后竹扦上不粘面，就说明烤好了。从模具中取出，放在一旁冷却。

核桃和奶油奶酪的大小可以按照使用的模具和当时的心情进行调整。用大的模具时就切大一点，用小模具时就切小一点。切成差不多一口大小就行了。

将一部分黄油换成起酥油，烤出的蛋糕口感会更加柔软轻盈。但如果没有起酥油，也可以全部用黄油。

这是将做法里的食材增加到2倍，用21cm×8cm×6cm的磅蛋糕模具烤出来的蛋糕。烘烤时要用160℃的烤箱烤45分钟左右。

蔓越莓黄油蛋糕

学生时代，我曾经和朋友发过这样的誓言——我是坐在副驾驶的人，所以绝对不会考驾照。后来，我不但考下了驾照，还有了很多与车有关的酸甜回忆。自己握住方向盘，有种想去哪里就去哪里的快感。比如大夏天的时候，哼着自己喜欢的曲子去买冰淇淋。单身时，我经常开车到神户去买面包或蛋糕。结婚后，开车更成了一件再自然不过的事，每天买东西、送女儿上下学，都要自己开车。

由于现在开的这辆车使用过于频繁，这几年经常突然闹毛病。每次去远处兜风前，我都会把车送去检修，一边想着"还能坚持住吧"，一边尽量缩短出行距离，但最近开着时总会有种不安的感觉。没有车会对日常生活产生影响，所以我一面因为就要与旧车分别而感到惋惜，一面又为能选新车而感到兴奋不已。

蔓越莓就像内心里酸甜回忆凝结成的宝石一样，如果想用它做成蛋糕送给别人，一定要配上一款可爱的蛋糕纸杯哦！

材料（5.5cm×5.5cm×4cm的蛋糕纸杯10个份）

低筋面粉	100g
泡打粉	1/3小勺
黄油（无盐型）	90g
砂糖	75g
鸡蛋	2个
牛奶	1大勺
柠檬汁	1/2大勺
盐	1小撮
蔓越莓干	80g
烘焙用白巧克力	30g
红茶利口酒（或其他洋酒）	2大勺

准备工作

+ 黄油和鸡蛋恢复到室温。
+ 巧克力切碎。
+ 低筋面粉、泡打粉和盐一起过筛。
+ 在蔓越莓干上浇上利口酒。
+ 将烤箱预热到160℃。

🌀 制作方法

1 将牛奶和白巧克力放入小碗里，然后放进装有60℃热水的盆中（隔水加热），待其化开。也可以用微波炉化开。

2 将恢复到室温后变软的黄油放入另一个碗中，用打蛋器搅拌成奶油状，加入砂糖，搅拌成发白、蓬松的状态。按顺序加入步骤1中的巧克力和打散的蛋液（分批少量），每次加入都要充分搅拌。

3 筛入粉类，边观察边用橡胶铲搅拌，搅拌成细腻、有光泽的状态。加入柠檬汁和蔓越莓，搅拌均匀。

4 将面糊倒入模具中，抹平表面，放入预热到160℃的烤箱中烤25分钟左右。用竹扦刺蛋糕中央，如果拿出后竹扦上不粘面，就说明烤好了。

甜甜的白巧克力和微酸的蔓越莓干很搭。制作这款蔓越莓黄油蛋糕时，放的白巧克力非常少，但即使是如此少的量，也能给蛋糕增加一些柔和的香甜的味道。

图中所示是用磅蛋糕模具烤出的蔓越莓蛋糕，方法中的食材分量正好够烤一个的。烘烤温度是160℃，时间是45分钟左右。如果用花形模具或咕咕霍夫模具，烤出的蛋糕品相会更好。

生姜蛋糕

　　小的时候，我很不喜欢有特殊味道的食材，以生姜为首，紫苏、山椒、芹菜和洋葱，我都不太爱吃，每次吃寿司也从来不蘸芥末。

　　但不知何时，我突然对各类香草产生了兴趣，也就爱上了带有特殊香味的蔬菜。有段时间，我总是与朋友去做美食巡礼，到各种餐厅体验各种美食，使味觉变得更加灵敏。结婚后，为了以后的生活，我买了很多有关料理的书，有时被书上好看的图片吸引，即使是没用过的食材，也愿意大胆尝试。随着年龄的增长，这种味觉上的变化让我觉得很震惊，同时又很惊喜，觉得"能吃的东西变多了"真是太好了。

　　用生姜做的甜点，也是如今的我才能做出来的呢。想到这一点，一段遥远的记忆突然浮上脑海。以前，母亲经常会做水饴生姜汁。住在京都时，一到夏天就会喝很多。说起来，水饴生姜汁里也有生姜呢……

材料（18cm×8cm×6cm的磅蛋糕模具1个份）

低筋面粉···100g
泡打粉···1/4小勺
黄油（无盐型）·································100g
红糖··50g*
砂糖··40g
鸡蛋··2个
牛奶··1大勺
蜂蜜··1大勺
生姜（磨碎后使用）·························10g
*如果没有，可以换成砂糖。

准备工作

+ 鸡蛋恢复到室温。
+ 在模具中铺上烤箱用垫纸，或涂上黄油、撒上面粉（都是分量外）。
+ 低筋面粉和泡打粉一起过筛。
+ 将烤箱预热到160℃。

◎ 制作方法

1 将黄油放入小碗里，然后放进装有60℃热水的盆中（隔水加热），待其化开。也可以用微波炉化开。加入牛奶和蜂蜜，暂时放在热水里保温。

2 在另一个碗中打散鸡蛋，加入红糖和砂糖，用打蛋器轻轻搅拌均匀。将碗放进装有60℃热水的盆中，开始打发（用电动打蛋器更方便），当鸡蛋达到人的体温时，从热水中拿出，打发到发白、黏稠的状态。

3 加入一直放在热水中保温的步骤1和生姜末，用橡胶铲从底部大力搅拌，混合均匀。

4 筛入粉类，从底部大力搅拌，直到变成看不见干面粉且细腻光滑的状态为止。

5 将面糊倒入模具中，抹平表面，放入预热到160℃的烤箱中烤40分钟左右。用竹扦刺蛋糕中央，如果拿出后竹扦上不粘面，就说明烤好了。从模具中取出，放在一旁冷却。

生姜配上蜂蜜，似乎很有和风的感觉。这款蛋糕质地柔软湿润，有点像卡斯提拉蛋糕（长崎蛋糕）。生姜的分量可以按照自己的喜好增减。

看起来稀松平常的圆形模具，尺寸变小后就会立刻变得可爱。简洁的外形，比其他华丽复杂的模具显得更有深度。直径10~12cm的圆形模具使用频率很高。如果换成磅蛋糕模具，食材分量大约是做法中的2倍，烘烤时间为25分钟左右。

红薯蛋糕

　　这款红薯蛋糕中夹着热乎乎的红薯，是一款很有秋天风味的甜点。每当看到街上有卖红薯的车出没，就知道可以开始用红薯做蛋糕了。

　　质朴的黄蔗糖加上少许蜂蜜，打造出让人怀念的味道。红薯与黑芝麻等食材很搭，可以加到面糊里，也可以撒在面糊表面。

　　为了方便制作，我用的红薯是用微波炉加热的，但如果想让红薯散发出更浓的香味，就要放进烤箱中烘烤。用低温慢慢加热，才能完全引出红薯的甜味。看来，要做出美味的甜点，花时间慢慢制作也是很重要的呢。明知这一点，但急性子的我只有把红薯蛋糕送给别人当礼物时才会用烤箱，平时自己吃还是会用微波炉加热。

材料（直径16cm的圆形蛋糕1个份）

低筋面粉······················· 90g
泡打粉························· 1/2小勺
黄油（无盐型）··················· 100g
黄蔗糖························· 60g*
砂糖·························· 30g
杏仁粉························· 30g
鸡蛋·························· 2个
牛奶·························· 1大勺
蜂蜜·························· 1大勺
红薯··················· 1小个（约200g）

*如果没有，可以换成砂糖。

准备工作

+ 黄油和鸡蛋恢复到室温。
+ 在模具中铺上烤箱用垫纸，或涂上黄油、撒上面粉（都是分量外）。
+ 低筋面粉和泡打粉一起过筛。
+ 黄蔗糖如果有结块，要提前过筛。
+ 将烤箱预热到160℃。

🌀 制作方法

1 红薯带皮洗净，用水沾湿，包上保鲜膜，放入微波炉加热5分钟左右，直到红薯变软为止（加热到容易切开的程度）。稍微冷却后，切成想要的大小。

2 将恢复到室温后变软的黄油放入碗中，用打蛋器搅拌成奶油状，加入黄蔗糖和砂糖，搅拌成蓬松的状态。分批少量地加入打散的蛋液，慢慢搅拌均匀。再加入杏仁粉、牛奶和蜂蜜，充分搅拌。

3 筛入粉类，边观察边用橡胶铲搅拌，搅拌成细腻、有光泽的状态。加入红薯，搅拌均匀。

4 将面糊倒入模具中，抹平表面，放入预热到160℃的烤箱中烤45分钟左右。用竹扦刺蛋糕中央，如果拿出后竹扦上不粘面，就说明烤好了。从模具中取出，放在一旁冷却。

红薯的大小可以按照自己的喜好调整。切成条状或块状都没关系，也可以切成圆片，插到面糊里烘烤。当然，还可以碾碎后混入面糊中。红薯的皮削不削掉全凭自己的心情，我每次都会留出1/3~1/2的皮。

奶油焦糖大理石黄油蛋糕

　　我经常会做一些奶油焦糖酱存放在冰箱里，做各种甜点时都会放上一些，做成奶油焦糖味的点心。

　　这款蛋糕在原味黄油蛋糕的基础上，混入了一些奶油焦糖酱，做出了大理石的纹路。奶油焦糖酱可以搭配各种洋酒，这里面我最喜欢的是朗姆酒。用咖啡利口酒或巧克力利口酒做出的蛋糕也非常美味，想给蛋糕增加点小变化时，可以在搭配的洋酒上多花些心思。

　　砂糖做成的酱汁有两种，一种是焦糖，一种是奶油焦糖。焦糖是用砂糖和水做成的，颜色为清澈的琥珀色。奶油焦糖是用砂糖和鲜奶油做成的，颜色是发白的棕色。虽然原料有所不同，但这两种酱汁都很美味。为了方便使用，我就将它们区分开了。

材料（18cm×8cm×6cm的磅蛋糕模具1个份）

低筋面粉·····························100g
泡打粉·······························1/2小勺
黄油（无盐型）························100g
砂糖·································95g
鸡蛋·································2个
牛奶·································1大勺
朗姆酒·······························1大勺
奶油焦糖酱（如果有现成的，直接取50g即可）
┐ 砂糖······························75g
┤ 水·······························1/2大勺
┘ 鲜奶油···························100mL

准备工作

+ 黄油和鸡蛋恢复到室温。
+ 在模具中铺上烤箱用垫纸，或涂上黄油、撒上面粉（都是分量外）。
+ 低筋面粉和泡打粉一起过筛。

🌀 制作方法

1 制作奶油焦糖酱。将砂糖和水倒入小锅中，开中火加热，不要摇动小锅，静待砂糖完全化开。当小锅边缘稍微变色时，开始摇动小锅，使整体色泽均一，等锅中液体变成茶色时，关火。将用其他锅或微波炉加热的鲜奶油分批少量地加入锅中（注意不能溢锅），用木铲充分搅拌，放在一旁待其冷却。将烤箱预热到160℃。

2 将恢复到室温后变软的黄油放入碗中，用打蛋器搅拌成奶油状，加入砂糖，用打蛋器搅拌成发白、蓬松的状态。分批少量地加入打散的蛋液，慢慢搅拌均匀。

3 筛入粉类，用橡胶铲边观察边搅拌，加入牛奶和朗姆酒，搅拌成细腻、有光泽的状态。

4 将1/3的面糊倒入另一个碗中，加入奶油焦糖酱，用橡胶铲搅拌成细腻柔滑的状态，这样奶油焦糖面糊就做好了。

5 将步骤4的奶油焦糖面糊倒入步骤3的碗中，快速搅拌2~3次，做出大理石的纹路（搅拌次数过多，大理石纹路就会消失，要多加注意）。将面糊倒入模具中，抹平表面，放入预热到160℃的烤箱中烤45分钟左右。用竹扦刺蛋糕中央，如果拿出后竹扦上不粘面，就说明烤好了。从模具中取出，放在一旁冷却。

这是用咕咕霍夫模具做成的奶油焦糖蛋糕。烘烤温度为160℃，烘烤时间为40分钟左右。咕咕霍夫模具中间有个像烟囱一样的洞，更容易受热，所以要比磅蛋糕烘烤的时间短一些。做法中的食材分量，正好够烤一个直径14cm的咕咕霍夫蛋糕。烤好后要趁热从模具中取出哦。

奶油焦糖布朗尼

　　关于布朗尼，我有一段难忘的回忆。1995年秋天，我准备举办结婚仪式，为了对特意赶来的客人们表示感谢，我打算亲手做点什么。因为本身就不太喜欢华而不实的东西，而且又怕给客人们添麻烦，于是便决定做些方便食用的小点心。当时我选的点心就是这款布朗尼。

　　结婚仪式前一天，我和妹妹一起在自家的厨房做好了布朗尼。说是一起做，其实主要是妹妹做的。将调好的面糊倒入烤盘中，分几次烤好。烤完用刀切成小块，然后分开放入小袋中，袋口系上可爱的蝴蝶结。全部准备好后，一起放在藤编的篮子里。一共有60个，虽然没什么特别的，却是一份饱含我心意的小礼物。我不知道客人们是否喜欢（苦笑），但对于我来说，这是一份非常珍贵的回忆。

材料（20cm×20cm的方形模具1个份）

烘焙专用巧克力（半甜）⋯⋯⋯⋯⋯⋯⋯ 100g
黄油（无盐型）⋯⋯⋯⋯⋯⋯⋯⋯⋯⋯ 80g
低筋面粉⋯⋯⋯⋯⋯⋯⋯⋯⋯⋯⋯⋯ 75g
泡打粉⋯⋯⋯⋯⋯⋯⋯⋯⋯⋯⋯⋯ 1/4小勺
砂糖⋯⋯⋯⋯⋯⋯⋯⋯⋯⋯⋯⋯⋯ 50g
鸡蛋⋯⋯⋯⋯⋯⋯⋯⋯⋯⋯⋯⋯⋯⋯ 2个
盐⋯⋯⋯⋯⋯⋯⋯⋯⋯⋯⋯⋯⋯⋯ 1小撮
奶油焦糖酱（参照P89）⋯⋯⋯⋯⋯⋯⋯ 100g
自己喜欢的坚果（核桃或美国山核桃等）⋯⋯ 100g

准备工作

+ 鸡蛋恢复到室温。
+ 将坚果放入预热到150~160℃的烤箱中烤8分钟左右，切成大块。
+ 在模具中铺上烤箱用垫纸，或涂上黄油、撒上面粉（都是分量外）。
+ 低筋面粉、泡打粉和盐一起过筛。
+ 将烤箱预热到170℃。

◎ 制作方法

1 将巧克力和黄油放入小碗里，然后放进装有60℃热水的盆中（隔水加热），待其化开。也可以用微波炉化开。

2 在另一个碗中打散鸡蛋，加入砂糖，用打蛋器搅拌至略微发白的状态。加入步骤1，画圈搅拌。

3 筛入粉类，用橡胶铲快速搅拌，直到变成看不见干面粉且细腻光滑的状态为止。加入坚果，充分搅拌，再加入奶油焦糖酱，快速搅拌（可以完全搅拌均匀，也可以稍微搅拌一下，让面糊呈现大理石的纹路）。

4 将面糊倒入模具中，抹平表面，放入预热到170℃的烤箱中烤25分钟左右。冷却后，切成想要的大小。

烤成一个薄片的布朗尼，可以随意切成想要的大小和形状，正方形、长方形、三角形都没关系。如果切成长条状，可以在一端包上蜡纸，当成日常食用的零食。出去玩时，可以像糖果一样把两端拧起来，与装进壶里的咖啡一起带去食用。

我制作时使用的是美国山核桃。这种坚果虽然有点小众，但是味道比核桃更柔和，我非常喜欢。我每次用它烤点心时，吃的人都觉得这是"味道比较淡的核桃"。为了推广美国山核桃，给别人吃的时候一定要介绍说："这里面放了美国山核桃哦！"

红豆巧克力碎黄油蛋糕

　　如今，即使在普通料理中，也很少会用到豆类了。但是，最近它在我家的登场次数却越来越多。用豆类做了汤、沙拉、烩饭和咖喱等料理后，我发现豆类的用法其实很多，经过不断的尝试，我又研究出不少新的料理做法。

　　制作过程中，我开始注意到豆子的种类，现在才发现，原来豆类有很多种啊。最近，我最喜欢的豆类是鹰嘴豆，这种豆子在日语中叫雏豆，不但名字可爱，味道也很不错。它另一个别称的发音与日语中的"加油"很像，所以每次看到它的时候，都会想到"加油"这个词，然后在心里偷笑一下。

　　回到正题，这次介绍的蛋糕里加了甜甜的红豆和巧克力碎。做法里用的是市面上买的现成红豆泥。巧克力是烘焙专用的，但是制作时不用化开，直接切碎放进面糊就行了，所以换成普通的板状巧克力也没问题。加入面糊里的白兰地，也可以等到烤好后直接趁热涂在蛋糕表面。

材料（21cm×8cm×6cm的磅蛋糕模具1个份）

低筋面粉 ······················· 100g
泡打粉 ························· 1/3小勺
黄油（无盐型）·················· 100g
砂糖 ··························· 85g
鸡蛋 ··························· 2个
红豆泥（罐装）·················· 80g
烘焙专用巧克力（半甜）·········· 20g
白兰地 ····················· 1大勺+1小勺

准备工作

+ 黄油和鸡蛋恢复到室温。
+ 巧克力切碎，放入冰箱冷藏。
+ 低筋面粉和泡打粉一起过筛。
+ 在模具中铺上烤箱用垫纸，或涂上黄油、撒上面粉（都是分量外）。
+ 将烤箱预热到160℃。

🌀 制作方法

1 将恢复到室温后变软的黄油放入碗中，用打蛋器搅拌成奶油状，加入砂糖，用打蛋器搅拌成发白、蓬松的状态。分批少量地加入打散的蛋液，每次加入都要充分搅拌。

2 筛入粉类，用橡胶铲边观察边搅拌，直到变成细腻、有光泽的状态为止。加入红豆泥、巧克力碎和白兰地，搅拌均匀。

3 将面糊倒入模具中，抹平表面，放入预热到160℃的烤箱中烤45分钟左右。用竹扦刺蛋糕中央，如果拿出后竹扦上不粘面，就说明烤好了。从模具中取出，放在一旁冷却。

为了图省事，我直接用了罐装的红豆泥。我很喜欢"山清"和"北尾"这两个牌子的红豆泥，口感清爽，又带着自然的甜味。图中的巧克力是比利时产的"Côte D'OR"。几年前，我曾经为了做出美味的巧克力蛋糕，而寻找合适的板状巧克力。用了Côte D'OR的微苦型板状巧克力后，我成功地做出了口感顺滑、味道香浓的蛋糕，从此以后就一直用这个牌子了。

每次制作巧克力甜点时，我都会把巧克力切成图中所示的程度。既可以选择微苦的黑巧克力，也可以选择甜甜的牛奶巧克力。直接使用市面上买到的巧克力片也没问题。

朗姆葡萄干黄油蛋糕

　　最初爱上酸甜可口的葡萄干应该是小时候吃葡萄干面包时。我现在也很喜欢吃加了葡萄干的面包，也经常自己做或者买来吃。

　　逛了烘焙材料店之后，发现葡萄干有很多种。大小、质地、甜度、酸度、色泽各不相同。能入手的种类我都试过了一遍，每种都很美味。因为喜欢的种类太多，没法选出一种最爱的，所以我经常将几种混在一起使用。将颜色很淡的苏丹娜葡萄干或浅绿的葡萄干，与普通的葡萄干一起使用，切开后的截面就会变得色彩缤纷，品相非常好。

　　制作这款蛋糕时，我在原有黄油蛋糕的基础上又加了一个蛋黄。这样一来，蛋糕的口感就会变得更加柔滑。烤出来的蛋糕呈淡黄色，比平时的颜色更深，这一点我也很中意。除了葡萄干之外，还可以用其他果干制作。如果将一部分面粉换成杏仁粉，味道会变得更有层次感。

材料（21cm×8cm×6cm的磅蛋糕模具1个份）

低筋面粉··································	100g
泡打粉····································	1/8小勺
黄油（无盐型）························	100g
砂糖······································	95g
蛋黄······································	3个份
蛋白······································	2个份
牛奶······································	1大勺
朗姆酒····································	1大勺
柠檬汁····································	1/2大勺
朗姆酒葡萄干···························	90g

准备工作

+ 黄油恢复到室温。

+ 低筋面粉和泡打粉一起过筛。

+ 在模具中铺上烤箱用垫纸，或涂上黄油、撒上面粉（都是分量外）。

+ 将烤箱预热到160℃。

🌀 制作方法

1 将恢复到室温后变软的黄油放入碗中，用打蛋器搅拌成奶油状，加入一半的砂糖，用打蛋器搅拌成发白、蓬松的状态。

2 按顺序加入蛋黄（分两次加入）、牛奶、朗姆酒和柠檬汁，每次加入都要充分搅拌。再加入葡萄干，搅拌均匀。

3 将蛋白倒入另一个碗中，分批少量地加入剩余砂糖，边加入边打发，制作成细腻、有光泽的蛋白糖霜。

4 在步骤2的碗中加入1勺步骤3的蛋白糖霜，用打蛋器搅拌均匀。按照一半粉类→一半蛋白糖霜→剩余粉类→剩余蛋白糖霜的顺序将食材加入碗中，边观察边用橡胶铲搅拌，搅拌成细腻、有光泽的状态。

5 将面糊倒入模具中，抹平表面，放入预热到160℃的烤箱中烤45分钟左右。用竹扦刺蛋糕中央，如果拿出后竹扦上不粘面，就说明烤好了。从模具中取出，放在一旁冷却。

图中黑色的小粒是醋栗干。比普通的葡萄干小一些，放在一起使用，看起来非常有趣。除了葡萄干之外，配上一些酸甜可口的蔓越莓干也很美味哦。

图中所示是自制朗姆葡萄干。具体做法是，将葡萄干放在热水里煮一下，沥干水分后放入消过毒的瓶子里，再注入朗姆酒就可以了。朗姆酒要没过葡萄干。图中的朗姆葡萄干用的是绿色葡萄干。

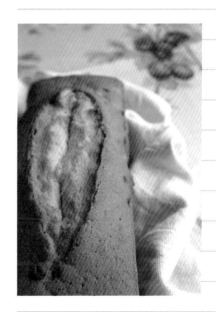

酸橘蛋糕

　　我是在长大成人之后才开始做和风甜点的。小时候不太喜欢和风的食材，比如红豆、樱花，还有带着强烈香味的日本柑橘。如今，我已经习惯并喜欢上这些食材，还会用它们做各种料理，这种改变真是有趣。最初尝试的和风食材只是抹茶、芝麻和生姜等比较好接受的，但后来接触的种类越来越多，也就有了很多新的发现。每次有新发现，我都像小孩得到了新玩具一样喜出望外。

　　这款蛋糕的原型是柠檬蛋糕，我尝试着将柠檬汁换成了酸橘汁和柚子汁，结果做出了味道完全不同的蛋糕。多加了一些鸡蛋的黄油蛋糕面糊，配上用蛋白做成的杏仁酱，烤好后放置半天或一天，味道会更好。一般情况下，最后要浇上一些酸甜的糖浆做装饰，如果不想浇糖浆，可以在烘烤前撒上一些白色的芝麻。

材料（直径7cm的蛋糕纸杯约8个份）

低筋面粉·······························80g
泡打粉······························1/8小勺
黄油（无盐型）·····················60g
砂糖································60g
鸡蛋································2个
牛奶·······························1大勺
酸橘汁·····························1大勺
刨碎的酸橘皮（按照喜好添加）·······1个份
杏仁酱
　杏仁粉···························50g
　黄油（无盐型）·················40g
　砂糖···························40g
　蛋白···························1个份
　玉米淀粉·······················1/2大勺
　酸橘汁·························1/2大勺

准备工作

+ 制作面糊用的鸡蛋和制作杏仁酱的黄油恢复到室温。
+ 低筋面粉和泡打粉一起过筛。
+ 将烤箱预热到170℃。

◎ 制作方法

1 制作杏仁酱。将恢复到室温后变软的黄油放入碗中，用打蛋器搅拌成奶油状，加入砂糖，用打蛋器搅拌成发白、蓬松的状态。按顺序加入杏仁粉、蛋白（分批少量）、玉米淀粉和果汁，每次加入都要充分搅拌。包上保鲜膜，静置在一旁。

2 将黄油放入小碗里，然后放进装有60℃热水的盆中（隔水加热），待其化开。也可以用微波炉化开。加入牛奶，暂时放在热水中保温。

3 在另一个碗中打散鸡蛋，加入砂糖，用打蛋器搅拌至发白、黏稠的状态。继续打发到蓬松、有光泽的程度，画圈搅拌，调整面糊的状态。分2次加入步骤2（一直保温的黄油和牛奶），每次加入都要用橡胶铲从底部大力搅拌。

4 筛入粉类，用橡胶铲从底部大力搅拌，直到变成看不见干面粉且细腻光滑的状态为止。加入果汁和刨碎的果皮，搅拌均匀。

5 将步骤1中的杏仁酱倒入蛋糕纸杯里，再浇上步骤4中的面糊，在桌面上轻轻敲打蛋糕纸杯，使表面面糊平整。放入预热到170℃的烤箱中烤20~25分钟。用竹扦刺蛋糕中央，如果拿出后竹扦上不粘面，就说明烤好了。

要刨碎柑橘类水果，就需要一个刨屑器。Microplane公司生产的刨屑器虽然是特殊的长条状，但用起来却非常顺手。连奶酪也能很好地刨碎。

这是用来装饰点心或面包的糖浆，也叫糖霜或糖衣。它的名字听起来似乎很特殊，但做法却很简单。用水、果汁或蛋白等液体，将糖粉溶解后就做好了。你可能会感到惊讶，"这么简单就能做出来吗"，十年前的我也是这种感受。

用1/2大勺酢橘果汁溶解30g糖粉，做成糖浆。待蛋糕冷却后，淋到表面。

核桃杏仁黄油蛋糕

黄油蛋糕有几种不同的制作方法，即使用相同的材料、相同的分量，做出的蛋糕也会稍有区别。①将黄油和砂糖打发至蓬松状态，再加入打散的蛋液和粉类的方法。②将黄油和砂糖打发至蓬松状态，加入轻微打发的鸡蛋和粉类的方法。③将鸡蛋和砂糖打发至黏稠的状态，加入化开的黄油和粉类的方法。④将黄油、砂糖和蛋黄混合到一起，加入蛋白糖霜和粉类的方法。除了这4种做法之外，还有其他几种做法，但我常用的就是这些。

①的做法只用一个碗就能做好。②的做法直接加入打发的鸡蛋，不容易分离，烤出的蛋糕口感比较轻盈。用③的做法做出的蛋糕，当天吃就很美味。④需要单独做蛋白糖霜，但不用担心分离，烤出的蛋糕质地蓬松柔软。

大家可以多尝试一下，找到适合自己的方法。最理想的状态是，在脑海中想象蛋糕的样子，一边开心地制作，一边随机应变地调整做法。我现在每天都在努力修炼，希望自己能达到更高的境界。

材料（直径7cm的玛芬模具约8个份）

低筋面粉	100g
泡打粉	1/3小勺
黄油（无盐型）	100g
红糖（或砂糖）	50g
砂糖	30g
鸡蛋	2个
核桃	40g
杏仁片	40g
白兰地（或朗姆酒）	1大勺+1小勺
枫糖浆	1大勺+1小勺
装饰用的烘焙专用巧克力、坚果、糖粉	各适量

准备工作

+ 黄油和鸡蛋恢复到室温。
+ 将核桃和杏仁片放入预热到150~160℃的烤箱中烤8分钟左右，放在一旁冷却。
+ 低筋面粉和泡打粉一起过筛。
+ 在模具中铺上烤箱用垫纸，或涂上黄油、撒上面粉（都是分量外）。
+ 将烤箱预热到160℃。

◎ 制作方法

1 将核桃和杏仁片放入塑料袋中，用擀面杖碾碎，浇上白兰地。

2 将恢复到室温后变软的黄油放入碗中，用打蛋器搅拌成奶油状，加入红糖和砂糖，用打蛋器搅拌成略微发白、蓬松的状态。分批少量地加入打散的蛋液，每次加入都要充分搅拌。

3 筛入粉类，用橡胶铲边观察边搅拌，直到变成细腻、有光泽的状态为止。加入步骤1和枫糖浆，搅拌均匀。

4 将面糊倒入模具中，放入预热到160℃的烤箱中烤25分钟左右。用竹扦刺蛋糕中央，如果拿出后竹扦上不粘面，就说明烤好了。等蛋糕完全冷却后，按照自己的喜好浇上化开的巧克力、撒上坚果（开心果等），或撒上糖粉。

枫糖浆是吃热松饼、司康和华夫饼时必不可少的调味品。也可以与乳制品搭配使用，比如在打发鲜奶油时放入，或与黄油一起做成枫糖黄油。

制作这款蛋糕时，我选了自己最喜欢的核桃和杏仁片。不过大家可以把这款蛋糕当成普通的"坚果蛋糕"，放上自己喜欢的坚果。

方法中的食材正好够做一个磅蛋糕。烘烤温度为160℃，烘烤时间为45分钟左右。加入40g的核桃和杏仁片，品相和口感都比较好，但也可以根据自己的喜好增减。

红糖蜂蜜蛋糕

材料（21cm×8cm×6cm的磅蛋糕模具1个份）

低筋面粉	110g
泡打粉	1/8小勺
黄油（无盐型）	100g
红糖（或砂糖）	50g
砂糖	20g
鸡蛋	2个
蜂蜜	1大勺（20g）
牛奶	1大勺

准备工作

+ 鸡蛋恢复到室温。

+ 低筋面粉和泡打粉一起过筛。

+ 在模具中铺上烤箱用垫纸，或涂上黄油、撒上面粉（都是分量外）。

+ 将烤箱预热到160℃。

制作方法

1 将黄油、蜂蜜和牛奶倒入耐高温容器内，用微波炉或隔水加热（放进装有60℃热水的盆里）的方法化开。暂时放在热水里保温。

2 用电动打蛋器将鸡蛋打散在碗中，加入红糖和砂糖，充分搅拌。放入热水中隔水加热，用电动打蛋器的高速挡打发，当碗中液体达到人的体温时，从热水中取出，继续搅拌成发白、黏稠的状态（用打蛋器捞起后慢慢落下，落下后形成一个尖角且能保持一段时间）。将电动打蛋器调成低速挡，慢慢搅拌均匀。

3 将步骤1中的黄油分2~3次加入碗中，用打蛋器从底部大力搅拌。筛入粉类，用橡胶铲从底部大力搅拌，将食材混合均匀。

4 将面糊倒入模具中，抹平表面，放入预热到160℃的烤箱中烤45分钟左右。用竹扦刺蛋糕中央，如果拿出后竹扦上不粘面，就说明烤好了。从模具中取出，放在一旁冷却。

下面就开始制作吧!

首先是准备工作

在模具中铺上烤箱用垫纸。我一般都根据模具的尺寸,直接将1张烤箱用垫纸铺在正中,左右两个侧面是不铺的。

如果烤箱用垫纸比较大,可以将多出的部分剪掉。

将烤盘放入烤箱中,开始预热到160℃。鸡蛋恢复到室温,备齐材料。

将筛子放在重量较轻的塑料盘中,再一起放到电子秤上,开始给低筋面粉称重。泡打粉也在这一步加入。

称量红糖和砂糖。可以用带把手的量杯,使用起来会比较顺手。

◎ 制作面糊

将黄油和蜂蜜倒入耐高温容器里,开始称量,然后再加入牛奶。

用微波炉化开黄油。不要放进去就不管了,要一直观察黄油的状态。

加热过程中,要不时拿出来搅拌。

充分搅拌,用余热使黄油化成细腻柔滑的状态。

为了防止黄油冷却,可以用隔水加热等方法保温。我是直接放在烤箱的排气口处。开始在煤气上烧水,为接下来的隔水加热做准备。

将鸡蛋打在碗中,用电动打蛋器快速打散。

分2~3次加入糖类。

每次加入糖类,都要用电动打蛋器搅拌。

将碗放进装有60~70℃热水的锅中,用高速挡打发。这就是隔水加热。

将手指放入面糊中,如果感到暖暖的(人的体温),就把碗从锅中拿出。

用电动打蛋器的高速挡在碗中画圈打发。Cuisinart牌的电动打蛋器动力比较大，一般开到2~3挡就行了。

打发成略微蓬松的状态时，将电动打蛋器换成低速挡，慢慢在碗中画圈打发。

用打蛋器捞起后慢慢落下，落下后形成一个尖角且能保持一段时间，打发到这种程度就可以了。

将电动打蛋器拿起来，在盆上画圈，调整面糊的状态。当面糊变成细腻、有光泽的样子时，打发这一步就完成了。

从开始打发到放进烤箱为止，要一口气完成，所以这期间即使有电话来，也经常没法接。

分3次加入一直保温的黄油。

每次加入，都要从底部大力搅拌，使食材混合均匀。

将所有粉类都筛入碗中。如果不习惯这个操作，可以先筛好粉类，然后直接加入。

换成橡胶铲，快速搅拌均匀。

从底部开始大力搅拌，使食材混合均匀。搅拌成蓬松、有光泽的状态时，面糊就做好了。

◎ 倒入模具中烘烤

◎ 烘烤完毕

马上倒入准备好的模具中。粘在碗里的面糊可以用橡胶铲刮下来。

摇动模具，拿起后在台面上轻轻磕打2~3次，使面糊表面变平。

当中间裂开的部分都变色了，就证明完全烤透了。

趁热将小号橡胶铲或刀子插进模具侧面，使蛋糕和模具分离。将烤箱用垫纸连同蛋糕一起取出，直接放在冷却架上冷却。

冷却后，直接连垫纸一起放进塑料袋中，或用保鲜膜包住，常温保存即可。

水果黄油蛋糕

用水果做成的黄油蛋糕，质地会更加湿润细腻，味道也比较柔和，真的很美味。可以按照季节，用应季的新鲜水果制作，也可以用市面上的水果罐头或加工品制作。为了制作水果蛋糕，有时需要将应季水果做成果酱，这个过程让人觉得很温馨呢。

香蕉核桃蛋糕

　　香甜软糯的香蕉和脆脆的核桃非常搭配。我本来不太爱吃香蕉，但不可思议的是，用它做成的蛋糕却让我觉得非常美味。每次买回一把香蕉都没法一下吃完，索性就都做成蛋糕了。

　　制作这款蛋糕的窍门是，选用散发出香味的熟透的香蕉。外皮上出现黑斑的香蕉吃起来心里会有点不舒服，但碾碎后做成蛋糕就完全没问题了。做蛋糕，反而是这种香蕉比较合适呢。用大大的方形模具烘烤，然后随意切开。我经常用这款香蕉核桃蛋糕搭配冰牛奶，和孩子一起当下午3点的点心吃。这款蛋糕正是适合这种场景的甜点呢。

材料（20cm × 20cm的方形模具1个份）

低筋面粉·····································160g
泡打粉···1/2小勺
黄油（无盐型）·························135g
砂糖···135g
鸡蛋···2个
牛奶···1大勺
盐···1小撮
香蕉·····························1大根（120g）
核桃···100g

准备工作

+ 黄油和鸡蛋恢复到室温。
+ 在模具中铺上烤箱用垫纸，或涂上黄油、撒上面粉（都是分量外）。
+ 低筋面粉和泡打粉一起过筛。
+ 将烤箱预热到170℃。

◎ 制作方法

1 香蕉剥皮，用叉子等工具碾碎。核桃切成想要的大小。

2 将恢复到室温后变软的黄油放入碗中，用打蛋器搅拌成奶油状，加入砂糖和盐，用打蛋器搅拌成略微发白、蓬松的状态。

3 分批少量地加入打散的蛋液，慢慢搅拌均匀。按顺序加入香蕉、牛奶和核桃，每次加入都要充分搅拌。

4 筛入粉类，用橡胶铲边观察边搅拌，直到变成细腻、有光泽的状态为止。

5 将面糊倒入模具中，抹平表面，放入预热到170℃的烤箱中烤30分钟左右。用竹扦刺蛋糕中央，如果拿出后竹扦上不粘面，就说明烤好了。从模具中取出，放在一旁冷却。

做好之后，我会切成小块放进饼干罐中，然后存放在厨房里。我经常会忍不住偷吃一块，实在太不像话了（苦笑）。

苹果乡村蛋糕

　　每年到苹果成熟时，我都会做这款蛋糕。这个习惯已经持续几年了呢，我记不清了。做法每年都会有微小的变化，说不定，将来也会根据当年的心情继续改变做法。

　　这款蛋糕制作方法非常简单，不但不容易失败，味道也很棒。带有杏仁粉、黄油香味的面糊里加入了切成小块的苹果。因为直接使用了新鲜的苹果，蛋糕的质地会更加湿润柔软。每年都会有很多人拜托我做这款蛋糕，如果是给别人做，我就会用纸质的蛋糕模具或玛芬模具。烤好后放到第二天食用会更美味，大家可以提前一天做好。

　　如果是红玉苹果成熟的季节，我会用小小的红玉苹果。时间对不上的话，就直接用富士苹果。将这个方法介绍给别人之后，他们都评价说"做起来简单，味道又好"。大家一定要尝试一下哦！

材料（20cm×20cm的方形模具1个份）

低筋面粉······························100g
泡打粉·······························1/2小勺
杏仁粉······························100g
黄油（无盐型）······················130g
砂糖································140g
鸡蛋··································2个
苹果·································2小个
朗姆酒······························2大勺

准备工作

+ 鸡蛋恢复到室温。
+ 在模具中铺上烤箱用垫纸，或涂上黄油、撒上面粉（都是分量外）。
+ 低筋面粉和泡打粉一起过筛。
+ 将烤箱预热到170℃。

◎ 制作方法

1 苹果削皮，切成薄片（可以切成自己喜欢的形状），浇上朗姆酒，放置一段时间。

2 将鸡蛋打散在碗中加入砂糖，用打蛋器搅拌成略微发白黏稠的状态。

3 将杏仁粉加入步骤2中，用打蛋器充分搅拌。加入用隔水加热或微波炉化开的黄油（化开后要保温），用打蛋器搅拌均匀。

4 筛入粉类，用橡胶铲边观察边搅拌，直到变成细腻、有光泽的状态为止。加入苹果，搅拌均匀。

5 将面糊倒入模具中，抹平表面，放入预热到170℃的烤箱中烤40分钟左右。用竹扦刺蛋糕中央，如果拿出后竹扦上不粘面，就说明烤好了。从模具中取出，放在一旁冷却。

红玉苹果的果肉较硬，不容易煮烂，酸味也比较强，所以很适合做甜点。不过，红玉苹果保存的时间却很短。如果不趁着新鲜做成蛋糕，很快就会变软。相比之下，富士苹果保存的时间较长，可以一次多买点储存起来。它的果肉比较紧实，烘烤后也带有一些嚼劲。味道上差一些酸味，但这一点只需加些柠檬汁就能解决了。除了苹果蛋糕外，"烤苹果"也是很有名的甜点之一。将苹果对半切开后去核，放上黄油、肉桂和砂糖，直接放进烤箱烘烤就可以了。

黑樱桃酸奶油蛋糕

在黄油蛋糕的面糊中加入酸奶油，不但能增添微妙的酸味，烤出的蛋糕也更松软。想吃清爽的黄油蛋糕时，我总会用这个方子，不过有时会加入一些杏干调味。

这种用面粉烘烤的点心总会给人一种黏腻的感觉，所以很多人觉得"这种点心不适合夏天吃"。不过，这款蛋糕很适合搭配凉凉的饮料，放入冰箱冷藏后味道也会变得不一样。看来，烘烤的点心也并非不适合夏天呢。

真希望能研究出更多这种天气很热的时候也能让人产生食欲的点心呢。

材料（直径17cm的花形模具1个份）

低筋面粉·······························110g

泡打粉·······························1/2小勺

黄油（无盐型）·····················60g

砂糖·······························100g

鸡蛋·································2个

柠檬汁·····························1/2大勺

酸奶油·······························60g

黑樱桃（罐装。沥干汁水）···········100g

准备工作

+ 黄油、酸奶油、鸡蛋恢复到室温。
+ 在模具中涂上黄油、撒上面粉（都是分量外）。
+ 低筋面粉和泡打粉一起过筛。
+ 黑樱桃对半切开，放在厨房用纸上沥干水分。
+ 将烤箱预热到160℃。

◉ 制作方法

1 将鸡蛋打散在碗中，加入一半的砂糖，用打蛋器搅拌成略微发白、黏稠的状态。

2 将恢复到室温后变软的黄油放入另一个碗中，用打蛋器搅拌成奶油状，加入剩余砂糖，用打蛋器搅拌成发白、蓬松的状态。

3 将步骤1中的蛋液分批少量地加入步骤2的碗中，充分搅拌。加入酸奶油和柠檬汁，搅拌均匀。

4 筛入粉类，用橡胶铲边观察边搅拌，直到变成细腻、有光泽的状态为止。加入黑樱桃，搅拌均匀。

5 将面糊倒入模具中，抹平表面，放入预热到160℃的烤箱中烤45分钟左右。用竹扦刺蛋糕中央，如果拿出后竹扦上不粘面，就说明烤好了。从模具中取出，放在一旁冷却。

这是我常用的黑樱桃罐头。甜度正合适，直接食用就已经很美味了。有时我会用柠檬汁和利口酒调味，再加入玉米淀粉，做成樱桃酱（可以浇在奶酪蛋糕上食用）。

酸奶油是将乳脂肪含量为30%~40%的奶油用乳酸菌发酵后制成的，特征是带有爽口的酸味。目前我最爱用的是高梨乳业生产的酸奶油。如果当时没用完，我会将剩下的酸奶油与奶油奶酪、蛋黄酱或香草混合到一起，制成酱汁。或者直接放到汤、奶油炖菜等料理中。

方法中的食材够烤1个磅蛋糕。如果用圆形模具，则可以烤2个。

柠檬蛋糕

　　加入杏仁粉的面糊与水果很搭。蓝莓、橙子皮、焦糖苹果……可以加入的水果有很多种。只要改变一下水果和模具，蛋糕的外形和味道都会产生变化。基础的方子只有一种，却有无限变化的可能。制作甜点的有趣之处也正在于此。

　　这次我用了雏菊形状的模具，不过，方法里的食材正好够烤1个磅蛋糕、1个咕咕霍夫蛋糕或2个直径10~12cm的圆形蛋糕。大家可以随意换成自己喜欢的模具。

　　制作柠檬蛋糕时，柠檬汁是必不可少的食材。我使用的是市面上买到的瓶装柠檬汁。我并不执着于自己制作，只要能买到质量好又便利的食材，就会毫不犹豫地用起来。柠檬皮和橙子皮也是，比起自己动手做，我更热衷于在市面上寻找合适的商品。这种事情似乎不应该堂堂正正地说出口呢（苦笑）。每天都努力地研究甜点，偶尔偷点懒应该也没关系吧！

材料（直径17cm的雏菊模具1个份）

低筋面粉	80g
泡打粉	1/2小勺
杏仁粉	40g
黄油（无盐型）	100g
砂糖	90g
鸡蛋	2个
牛奶	1大勺
柠檬汁	1大勺
柠檬皮（切碎后）	100g

准备工作

+黄油和鸡蛋恢复到室温。

+在模具中涂上黄油、撒上面粉（都是分量外）。

+低筋面粉和泡打粉一起过筛。

+将烤箱预热到160℃。

制作方法

1 将恢复到室温后变软的黄油放入碗中，用打蛋器搅拌成奶油状，加入砂糖，用打蛋器搅拌成发白、蓬松的状态。

2 分批少量地加入打散的蛋液，慢慢搅拌均匀。按顺序加入杏仁粉、牛奶、柠檬汁和柠檬皮，每次加入都要充分搅拌。

3 筛入粉类，用橡胶铲边观察边搅拌，直到变成细腻、有光泽的状态为止。

4 将面糊倒入模具中，抹平表面，放入预热到160℃的烤箱中烤45分钟左右。用竹扦刺蛋糕中央，如果拿出后竹扦上不粘面，就说明烤好了。从模具中取出，放在一旁冷却。

这是Marie Brizard公司的"Pulco柠檬汁"。也许大家会认为这只是普通的罐装柠檬汁而已，但其实不论香气还是味道，它都不输给真正的柠檬汁，是质量非常高的柠檬果汁。这款柠檬汁经常被用来做卡仕达酱，当然也可以做甜点和柠檬味饮料。

草莓牛奶黄油蛋糕

　　我想将美味的炼乳融入黄油蛋糕里，于是就研究出了这个做法。在面糊中加入了大量炼乳，使烤出的蛋糕更湿润且带有一股奶香。再加入新鲜的草莓，做出大理石的纹路，给人的感觉就像草莓牛奶一样。用少许草莓利口酒调味，使蛋糕的草莓味变得更浓郁。

　　我最喜欢的是露天栽培的小草莓，但每次去水果店时，还是会被琳琅满目的草莓所吸引。超市中卖的品种一般是丰香、幸香、佐贺穗香、女峰、枥乙女、福冈S6号，不过，稍微调查一下之后，我发现草莓的种类实在太多。为了弄清不同草莓的特点，我曾经买齐了各个品种的草莓，在家里开了一场"草莓品尝会"。

　　说一些题外话，我曾经在超市或是什么地方看见过一款草莓牛奶味的香肠，之后也一直很在意。那个香肠，味道到底怎么样呢……

材料（21cm×8cm×6cm的磅蛋糕模具1个份）

低筋面粉·································· 100g

泡打粉······························ 1/3小勺

黄油（无盐型）······················· 100g

砂糖······································ 75g

鸡蛋·· 2个

炼乳······································ 60g

草莓利口酒（如果有的话）··········· 1大勺

草莓····················· 约1/2袋（100g）

砂糖······························ 1/2大勺

柠檬汁······························ 1小勺

准备工作

+ 黄油和鸡蛋恢复到室温。
+ 低筋面粉和泡打粉一起过筛。
+ 在模具中铺上烤箱用垫纸，或涂上黄油、撒上面粉（都是分量外）。

◎ 制作方法

1 草莓洗净后放入耐高温容器中，撒上砂糖和柠檬汁，用叉子轻轻碾碎，直接放入微波炉加热6分钟左右。当草莓变成柔软、黏稠的状态时（不用像果酱那么黏稠），继续用叉子碾碎，放在一旁冷却。

2 将烤箱预热到160℃。将恢复到室温后变软的黄油放入碗中，用打蛋器搅拌成奶油状，加入砂糖，用打蛋器搅拌成发白、蓬松的状态。按顺序加入炼乳、打散的蛋液（分批少量），每次加入都要充分搅拌。

3 筛入粉类，用橡胶铲边观察边搅拌，直到变成细腻、有光泽的状态为止。加入草莓利口酒，搅拌均匀。

4 将一半的面糊倒入另一个碗中，加入步骤1中的草莓，用橡胶铲搅拌均匀，倒回原来的碗中，大力搅拌1~2次，做出大理石的纹路（搅拌次数过多，大理石纹路就会消失，要多加注意）。

5 将面糊倒入模具中，抹平表面，放入预热到160℃的烤箱中烤45~50分钟。用竹扦刺蛋糕中央，如果拿出后竹扦上不粘面，就说明烤好了。从模具中取出，放在一旁冷却。

草莓要用微波炉加热到比果酱稀一些的状态，不过稍微浓一点也没关系。浓一点，面糊的味道也会更浓郁。用微波炉加热时要用大一点的碗，因为里面的液体容易洒出来。加热后，要用厨房用纸把黏在碗周的浮沫拭去。

奶味浓郁的炼乳既可以直接浇在鲜草莓上食用，也可以淋在刨冰上，还可以溶解到咖啡里。抹茶与炼乳也很搭，下次试着做个抹茶牛奶蛋糕呢。

这款蛋糕面糊质地较软，要多烤一段时间，使其变硬。等蛋糕完全冷却后再切开。

芒果黄油蛋糕

在家里食用甜点时，烤好后我会直接连同模具一起端上桌。因为不用在意是否能完美地脱模，模具的准备工作也就轻松了很多。不用担心"烤箱用垫纸有没有铺好""黄油是否涂得够薄，面粉有没有撒均"，以更轻松的心态去做点心。

这一点不仅限于甜点，料理也是一样。做好之后，将锅一起端到桌子上，虽然看起来有些偷懒，但摆满一桌丰富的菜肴后，不但能展现自己的厨艺，甜点和料理似乎也变得更美味了。

正是因为这个习惯，我经常被各种可爱的厨具吸引……

材料（25cm×15cm×3cm的耐高温烤盘1个份）

低筋面粉·······························90g

泡打粉·······························1/3小勺

杏仁粉·······························25g

黄油（无盐型）·····················100g

砂糖·······························90g

鸡蛋·······························2个

┌芒果（罐头）·····················50g

└柠檬汁·······························1小勺

装饰用芒果（罐头）·················100g

准备工作

+ 黄油和鸡蛋恢复到室温。
+ 低筋面粉和泡打粉一起过筛。
+ 在模具中涂上一层薄薄的黄油（分量外）。
+ 将烤箱预热到160℃。

◎ **制作方法**

1 将制作面糊用的芒果用叉子碾碎，与柠檬汁混合到一起。将装饰用的芒果切成想要的大小，用厨房用纸沥干水分。

2 将恢复到室温后变软的黄油放入碗中，用打蛋器搅拌成奶油状，加入砂糖，用打蛋器搅拌成发白、蓬松的状态。按顺序加入杏仁粉、打散的蛋液（分批少量），每次加入都要充分搅拌。

3 筛入粉类，用橡胶铲边观察边搅拌，直到变成细腻、有光泽的状态为止。加入步骤1的芒果酱，搅拌均匀。

4 将面糊倒入模具中，抹平表面，撒上装饰用的芒果，放入预热到160℃的烤箱中烤40~45分钟。用竹扦刺蛋糕中央，如果拿出后竹扦上不粘面，就说明烤好了。放到第二天食用会更美味。

芒果是很适合夏天食用的热带水果。将做好的芒果酱装进自封袋里，放入冰箱冻起来，再与牛奶一起打碎，一款适合盛夏时节的冰甜点就做好了。

芒果酱用叉子就能简单地做好。装饰用的芒果既可以随意切成块状后撒在面糊表面，也可以切成薄片后整齐地摆在面糊表面。

如果选用金属材质的盘子，不但可以放进烤箱，还可以在明火上使用。顺便一提，方法中食材的分量正好够烤边长18cm的正方形蛋糕1个。烘烤温度为160℃，烘烤时间为45~50分钟。

西柚蛋糕

　　西柚没有明确的季节感，但它带有清爽的柑橘系香味，似乎更适合初夏至盛夏制作甜点。西柚出产的时间是4~5月，正好是初夏时节。

　　把像红宝石一样的西柚果肉放在锅中稍微煮一下，然后再加到面糊里。漂亮的红色果肉四散开来，蛋糕烤好后切开，截面会非常好看。如果能买到只用西柚做的果酱，操作就会方便很多，但我一直没找到，就只好自己动手做了。将西柚果肉和砂糖一起放在锅中，开火加热，等水分出来后，再稍微煮一会儿就可以了。最理想的状态是变凉后稍微比普通果酱稀一些。

　　如果觉得这款蛋糕太麻烦，可以选择做简单的柑橘黄油蛋糕。只需将自己制作的西柚果酱换成市面上买到的橘子酱就可以了。我在烘焙材料店和超市发现了好几种美味的橘子酱，就不需要亲手做了（笑）。

材料（18cm×8cm×6cm的磅蛋糕模具1个份）

低筋面粉·····························100g
泡打粉·····························1/3小勺
黄油（无盐型）·····················100g
砂糖·······························95g
蛋黄·······························2个份
蛋白·······························2个份
牛奶·······························1大勺
柠檬汁·····························1大勺
橙子利口酒［Grand Marnier（柑曼怡）］···1大勺
西柚酱（做好后用70g）
  西柚·····························1个
  砂糖·····················约60g（西柚果肉重量的1/3）

准备工作

+ 黄油恢复到室温。
+ 在模具中铺上烤箱用垫纸，或涂上黄油、撒上面粉（都是分量外）。
+ 低筋面粉和泡打粉一起过筛。

制作方法

1 制作西柚酱。西柚剥皮后取出果肉，放入小锅中，加入砂糖，混合均匀后开中火加热。不时搅拌，煮到稍微有些黏稠的状态即可。

2 将烤箱预热到170℃。将恢复到室温后变软的黄油放入碗中，用打蛋器搅拌成奶油状，加入一半的砂糖，用打蛋器搅拌成发白、蓬松的状态。

3 分两次加入蛋黄，充分搅拌，然后按顺序加入牛奶、橙子利口酒和柠檬汁，每次加入都要充分搅拌。加入西柚酱，搅拌均匀。

4 将蛋白倒入另一个碗中，分批少量地加入剩余砂糖，边加入边打发，制作成细腻、有光泽的蛋白糖霜。

5 在步骤3的碗中加入1勺步骤4的蛋白糖霜，用打蛋器搅拌均匀。换成橡胶铲，按照一半粉类→一半蛋白糖霜→剩余粉类→剩余蛋白糖霜的顺序将食材加入碗中，边观察边搅拌，搅拌成细腻、有光泽的状态。

6 将面糊倒入模具中，抹平表面，放入预热到170℃的烤箱中烤40分钟左右。用竹扦刺蛋糕中央，如果拿出后竹扦上不粘面，就说明烤好了。从模具中取出，放在一旁冷却。

将西柚酱换成橘子酱后制成的蛋糕。橘子酱加入的时机与西柚酱一样，分量也是70g。这个方法的食材刚好够烤1个直径16cm的花形蛋糕或1个磅蛋糕。每次看到新的模具，我都会产生"想用这个烤蛋糕"的想法。花形模具的形状是我特别中意的。比起复杂华丽的形状，这样简单的形状更能吸引我。

西柚的果肉像红宝石一样漂亮。煮好的西柚酱冷却后会变得更稠，所以要在觉得有点稀的时候就停火。如果西柚酱有剩下，可以放入酸奶中食用。

酸奶蛋糕

很多试过这个方法的人向我反映，一开始会觉得酸奶放得太多，担心能否烤出想要的效果，但实际做过后却惊喜地发现，意外地烤出柔软蓬松的蛋糕。由于加入了酸奶，蛋糕的质地会变得更加湿润柔软。同时，酸奶的酸味会随着烘烤消失，即使不爱喝酸奶的人也会觉得很美味。

撒在蛋糕表面的是覆盆子。漂亮的红色和酸甜的味道都让我非常中意。本来我想多用新鲜的覆盆子做甜点，但遗憾的是，我家附近的店铺都没有卖的，只有去销售进口商品的超市才能买到，入手实在太困难了。

相比之下，冷冻的覆盆子既可以在附近的超市买到，又可以去网上的烘焙材料店购入，所以我经常买一些储存在冰箱里。制作这款蛋糕时，我使用的也是冷冻覆盆子。当然，大家可以换成新鲜的覆盆子，当然也可以什么都不放，直接烤也没关系。

材料（15cm×15cm的方形模具1个份）

低筋面粉···50g
杏仁粉···30g
泡打粉···1/4小勺
黄油（无盐型）···40g
砂糖···50g
鸡蛋···1个
盐···1小撮
原味酸奶···50g
冷冻覆盆子···15~20颗
切碎的柠檬皮（如果有的话）·····················1/2个份
装饰用糖粉···适量

准备工作

+ 鸡蛋恢复到室温。
+ 低筋面粉、杏仁粉、泡打粉和盐一起过筛。
+ 在模具中铺上烤箱用垫纸，或涂上黄油、撒上面粉（都是分量外）。
+ 将烤箱预热到170℃。

◎ 制作方法

1 将黄油放入小碗里，然后放进装有60℃热水的盆中（隔水加热），待其化开。也可以用微波炉化开。暂时放在热水中保温。

2 在另一个碗中打散鸡蛋，加入砂糖，用电动打蛋器搅拌至发白、黏稠的状态。加入酸奶，充分搅拌。按顺序加入粉类（筛入）、柠檬皮，用橡胶铲从底部大力搅拌，混合均匀。

3 加入步骤1中的黄油，倒的时候要用橡胶铲接住，然后慢慢撒在面糊表面，从底部大力搅拌，混合均匀。

4 将面糊倒入模具中，抹平表面，撒上覆盆子，放入预热到170℃的烤箱中烤25分钟左右。用竹扦刺蛋糕中央，如果拿出后竹扦上不粘面，就说明烤好了。从模具中取出，放在一旁冷却。按自己的喜好撒上糖粉。

我家冰箱中常备的是明治酸奶和小岩井乳业酸奶。平时我会加入果酱、新鲜的水果或冷冻水果，当早餐或加餐食用。

使用起来非常方便的冷冻覆盆子，无论是用来做甜点，还是直接食用，都很美味。可以在家附近的超市或网上的烘焙材料店购入。

甜杏酥粒蛋糕

酥粒酥脆可口，吃起来非常美味。制作步骤也很简单，用食物料理机就更加简单，只需将食材放进去，打开开关搅拌即可。搅拌过程中要注意观察，觉得差不多的时候就关掉。撒在面糊上一起放入烤箱烘烤，刚烤出来是酥脆的，放到第二天则会变得有点潮湿。这种变化会让一种甜点有两种享用方式。

酥粒可以撒在蛋糕、饼干、挞或派上，做成两层或三层的甜点，不过，我似乎还没在面包上尝试过呢。面包店中随处可见的哈密瓜面包就是在面包的面团上盖了一层饼干的面糊。如果将饼干的面糊换成酥粒面糊，做出的面包虽然外表不同，但味道也应该差不多。

将面包的面团擀平后卷起来，然后切开放入纸杯中，再撒上酥粒，似乎就能做出品相很好的面包了。面包的面团里还可以卷入肉桂、朗姆葡萄干或橙子皮。芝麻味的杏仁奶油与用黑砂糖做成的酥粒也是一个很棒的组合。以此为灵感，我能够想出无数的搭配方式，不过，今天就到此为止吧（笑）。

材料（直径7cm的玛芬模具约9个份）

酥粒面糊

低筋面粉	40g
杏仁粉	30g
黄油（无盐型）	30g
砂糖	30g
盐	1小撮

蛋糕面糊

低筋面粉	100g
泡打粉	1/3小勺
黄油（无盐型）	60g
酸奶油	40g
砂糖	80g
鸡蛋	1个
蛋黄	1个份
牛奶	1大勺
柠檬汁	1小勺
盐	1小撮
甜杏（罐头）	80g

准备工作

+ 将制作酥粒面糊的黄油切成边长1cm的方块，放入冰箱冷藏。

+ 蛋糕面糊用的黄油、鸡蛋和蛋黄恢复到室温。

+ 蛋糕面糊用的低筋面粉、泡打粉和盐一起过筛。

+ 甜杏切碎，放在厨房用纸上沥干水分。

+ 在模具中铺上蛋糕纸杯，或涂上黄油、撒上面粉（都是分量外）。

+ 将烤箱预热到170℃。

◎ 制作方法

1 制作酥粒面糊。将低筋面粉、杏仁粉、砂糖和盐倒入碗中，用打蛋器混合均匀。加入黄油，用指尖将其与粉类混合，揉成碎屑状后，装入塑料袋，放进冰箱冷藏。

2 制作蛋糕面糊。将恢复到室温后变软的黄油放入碗中，用打蛋器搅拌成奶油状，加入砂糖，用打蛋器搅拌成蓬松的状态。分批少量地加入打散的蛋液和蛋黄，搅拌均匀。

3 筛入粉类，用橡胶铲边观察边搅拌，搅拌至留有少量干面粉的状态时，按顺序加入用微波炉或隔水加热化开的酸奶油和牛奶，还有柠檬汁和甜杏，搅拌均匀。

4 将面糊倒入模具中，在表面撒上步骤1中的酥粒，放入预热到170℃的烤箱中烤25分钟左右。用竹扦刺蛋糕中央，如果拿出后竹扦上不粘面，就说明烤好了。从模具中取出，放在一旁冷却。

酸甜可口的甜杏有很多种用法。可以切碎后混入面糊中，也可以撒在面糊表面，还可以制成果酱。

用食物料理机制作酥粒，可以省去用手化开黄油的步骤，操作起来非常简单。可以一次多做一些，然后放入冰箱冷冻保存。

酥粒可以用勺子撒在面糊上，当然，用手撒会更快。

苹果酥粒蛋糕

　　蓬松柔软的蛋糕中夹着大大的苹果块，表面再撒上脆脆的酥粒。将这三重美味结合起来，做成这款温暖的蛋糕。蛋糕面糊中减少了黄油的量，换成酸奶，质地就变得更加柔软湿润。经过烘烤，苹果中渗出了美味的汁水，与浓郁的杏仁粉搭配起来，使整体味道更有层次感。有时，我还会用梨、甜杏或猕猴桃代替苹果。我用的糖是砂糖，将其中一部分换成红糖或黄蔗糖，也未尝不可。

　　烘烤时用的是八角形模具，中间放上了圆形的垫纸。模具的材质是天然的白杨木。木头的质感让人觉得很温暖，形状也很可爱，非常适合烤好后直接送人。使用可爱的模具，不但让制作的人心情愉悦，收到礼物的人也会很高兴。平时自己吃的话，用白杨模具就有点可惜了，我每次都是用大大的耐高温容器烘烤，然后随意切开。

材料（直径11cm的八角模具4个份）

低筋面粉	80g
杏仁粉	30g
泡打粉	1/4小勺
黄油（无盐型）	60g
原味酸奶	50g
砂糖	70g
鸡蛋	1个
蛋黄	1个份
盐	1小撮
⎰ 苹果	1个
⎱ 柠檬汁	1小勺

酥粒面糊

⎰ 低筋面粉	40g
⎪ 杏仁粉	30g
⎪ 黄油（无盐型）	30g
⎪ 砂糖	30g
⎱ 盐	1小撮
装饰用糖粉	适量

准备工作

+ 鸡蛋和蛋黄恢复到室温。
+ 将制作酥粒面糊的黄油切成边长1cm的方块，放入冰箱冷藏。
+ 苹果去皮，切成小块，浇上柠檬汁。
+ 蛋糕面糊用的低筋面粉、杏仁粉、泡打粉和盐一起过筛。
+ 将烤箱预热到160℃。

◎ 制作方法

1 制作酥粒面糊。将低筋面粉、杏仁粉、砂糖和盐倒入碗中，用打蛋器混合均匀。加入黄油，用指尖将其与粉类混合，揉成碎屑状后，装入塑料袋，放进冰箱冷藏。

2 将黄油和酸奶倒入耐高温容器内，用微波炉或隔水加热（放进装有60℃热水的盆里）的方法化开。暂时放在热水中保温。

3 用电动打蛋器将鸡蛋和蛋黄打散在碗中，加入砂糖，充分搅拌。放入热水中隔水加热，用电动打蛋器的高速挡打发，当碗中液体达到人的体温时，从热水中取出，继续搅拌成发白、黏稠的状态（用打蛋器捞起后慢慢落下，落下后形成一个尖角且能保持一段时间）。将电动打蛋器调成低速挡，慢慢搅拌均匀。

4 将步骤**2**中的黄油分2~3次加入碗中，用打蛋器从底部大力搅拌。筛入粉类，用橡胶铲从底部大力搅拌，将食材混合均匀。

5 将面糊倒入模具中，在面糊里埋入切好的苹果块，表面撒上酥粒，放入预热到160℃的烤箱中烤45分钟左

右。用竹扦刺蛋糕中央，如果拿出后竹扦上不粘面，就说明烤好了。直接放在模具中冷却，按照自己的喜好撒上糖粉。

在白杨木做成的八角形模具中铺上圆形的垫纸，然后倒入面糊，放进烤箱烘烤。除了蛋糕之外，白杨模具还可以用来烤面包。当然，也可以用来当装甜点的容器，在中间放上几个贝壳蛋糕或泡芙，直接拿去送人。

当食材变成碎屑状即完成。为了防止黄油完全化开，做好后要赶紧使用。用食物料理机制作的话，要先将粉类转几秒，起到过筛的作用，然后再加入黄油，搅拌成碎屑状。

苹果的大小和摆放方式没有什么特别的规则，随意埋入面糊里即可。也可以直接用切碎的苹果制作面糊，再倒入模具里烘烤。顺便一提，方法中食材做成的面糊刚好可以倒进1个直径21cm的耐高温烤盘中，然后放入烤箱烘烤。烘烤温度为170℃，时间为50分钟左右。

我在前面方法的基础上做了一些改动，研究出以下几个新做法。如果将后面的图片与前面做法里的图片进行对比，你就会发现甜点的外形和味道都产生了变化。

焙茶方块饼干

P20 · 肉桂方块饼干

温暖的热饮配上可爱的小点心，很容易让人

放松心情。虽然下午茶的时间很短，但这种转换心

情、让身心得到休息的时间却是很有意义的。可以

配上用马克杯泡的咖啡、奶茶，或者干脆与焙茶、

玄米茶等日本茶一起食用，尝试一下和风下午茶。

除了味道之外，这款方块饼干的外形也很可爱。

做法

材料和制作方法

（边长2.5cm的方块饼干36个份）
制作方法与"肉桂方块饼干"相同。只需将1/2大勺的肉桂粉换成焙茶粉（如果没有，可以将焙茶碾碎后使用），加入面糊中即可。

香草酥饼干

P8·酥饼干4种

　　原味酥饼干人气很高，基本上吃过的人都觉得很美味。我想保持原味酥饼干纯粹的味道，又想加入一点变化，就想到了香草。图中所示是刚烤好的酥饼干。可以直接食用，也可以撒上糖粉。

做法

材料和制作方法

（直径2cm的饼干30~35个份）
制作方法与"原味酥饼干"相同。如果是用食物料理机制作，就将1/4~1/2根香草荚中的香草籽（或香草油）取出，同粉类一起放入料理机里。如果是用手制作，就用香草籽和黄油一起制作面团，然后烘烤。

白芝麻饼干

P12·黑芝麻饼干

　　将黑芝麻换成白芝麻，面团不擀成棒状，而是直接用手捏成圆形。即使是相同的方法，稍微改变颜色和形状，做出的点心也完全不同。用白芝麻做出的饼干似乎比用黑芝麻做出的饼干更加酥软柔和。

做法

材料和制作方法

（直径3.5cm的饼干约70个份）
制作方法与"黑芝麻饼干"相同。将黑芝麻换成等量的白芝麻，做好面团后不用醒，直接捏成直径2cm左右（5~6cm）的圆形，然后用手压一下，放进烤箱烘烤。

奶油奶酪苹果乡村蛋糕

P106 · 苹果乡村蛋糕

这几年，我做过的"苹果乡村蛋糕"可以说是不计其数。我以前用的是2个苹果的方子，每次都一下做很多，然后分给身边的人。但最近，我将这款蛋糕定位为自家的日常点心，就开始使用1个苹果的做法了。苹果与奶油奶酪很搭。在面糊里撒上切成小块的奶油奶酪，烤出的味道与原来的苹果蛋糕有很大的不同，请大家一定要试试看哦。

做法

材料和制作方法

（11.5cm×6.5cm的蛋糕纸杯5个份）
用55g低筋面粉、1/4小勺泡打粉、60g杏仁粉、60g黄油（无盐型）、65g砂糖、1个鸡蛋、1个小苹果和1大勺朗姆酒，按"苹果乡村蛋糕"的方法制作面糊，然后按照面糊→80g切成方块的奶油奶酪→面糊的顺序，将食材倒入模具中，再放入预热到170℃的烤箱中烤30分钟左右。用直径7cm的玛芬模具能做7个蛋糕，烘烤温度为170℃，烘烤时间为25分钟左右。

咖啡坚果蛋糕

P64·咖啡核桃蛋糕

　　在咖啡味的面糊中加入核桃，做成"咖啡核桃蛋糕"。改变坚果的种类，蛋糕的味道和口感也会有所不同。圆圆的玛芬模具与这款咖啡蛋糕非常搭。我比较喜欢的吃法有两种，一种是刚烤好时趁热食用，另一种是放置2~3天，等蛋糕变得更紧实后食用。

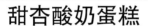

材料和制作方法

（直径7cm的玛芬模具9个份）
制作方法与"咖啡核桃蛋糕"相同。将50g的核桃换成25g夏威夷果和25g杏仁片，制作出面糊，倒入铺了蛋糕纸杯的模具中，放进预热到170℃的烤箱中烤20~25分钟。

做法

材料和制作方法

（直径15cm的圆形模具1个份）
制作方法与"酸奶蛋糕"相同。将冷冻覆盆子换成8~10个切碎的甜杏（半罐），加到面糊里，然后烘烤。甜杏可以与粉类一起加入，也可以在最后加入。

甜杏酸奶蛋糕

P118·酸奶蛋糕

　　前面介绍的酸奶蛋糕是将面糊倒入边长15cm的方形模具里，撒上覆盆子后烘烤而成的。这款蛋糕质地柔软湿润，是我为了搭配红茶专门研究出来的甜点。这次我将覆盆子换成了甜杏，同时将方形模具换成了直径15cm的圆形模具，烤好后切成放射状。吃的时候可以配上打发的鲜奶油，也很美味哦。

图书在版编目（CIP）数据

稻田老师的烘焙笔记.1,曲奇&黄油蛋糕/(日)稻
田多佳子著；王宇佳译. -- 海口：南海出版公司，
2017.11
　　ISBN 978-7-5442-8994-8

　　Ⅰ.①稻… Ⅱ.①稻… ②王… Ⅲ.①饼干—制作②
蛋糕—糕点加工 Ⅳ.①TS213.2

中国版本图书馆CIP数据核字(2017)第110328号

著作权合同登记号　图字：30-2017-001
TITLE：［クッキーとバターケーキのレシピ］
BY：［稻田多佳子］
Copyright © Takako Inada 2012
Original Japanese language edition published by SHUFU TO SEIKATSUSHA CO.,LTD.
All rights reserved. No part of this book may be reproduced in any form without the
written permission of the publisher.
Chinese translation rights arranged with SHUFU TO SEIKATSUSHA CO.,LTD.,Tokyo
through NIPPAN IPS Co.,Ltd.

本书由日本主妇与生活社授权北京书中缘图书有限公司出品并由南海出版公司
在中国范围内独家出版本书中文简体字版本。

DAOTIAN LAOSHI DE HONGBEI BIJI 1：QUQI & HUANGYOU DANGAO
稻田老师的烘焙笔记1：曲奇& 黄油蛋糕

策划制作：北京书锦缘咨询有限公司（www.booklink.com.cn）
总 策 划：陈　庆
策　　划：李　伟

作　　者：[日]稻田多佳子
译　　者：王宇佳
责任编辑：余　靖
排版设计：柯秀翠
出版发行：南海出版公司　电话：（0898）66568511（出版）　（0898）65350227（发行）
社　　址：海南省海口市海秀中路51号星华大厦五楼　邮编：570206
电子信箱：nhpublishing@163.com
经　　销：新华书店
印　　刷：北京画中画印刷有限公司
开　　本：889毫米×1194毫米　1/16
印　　张：8
字　　数：258千
版　　次：2017年11月第1版　2017年11月第1次印刷
书　　号：ISBN 978-7-5442-8994-8
定　　价：48.00元

南海版图书　版权所有　盗版必究